T0209015

essentials

essentials liefern aktuelles Wissen in konzentrierter Form. Die Essenz dessen, worauf es als „State-of-the-Art" in der gegenwärtigen Fachdiskussion oder in der Praxis ankommt. *essentials* informieren schnell, unkompliziert und verständlich

- als Einführung in ein aktuelles Thema aus Ihrem Fachgebiet
- als Einstieg in ein für Sie noch unbekanntes Themenfeld
- als Einblick, um zum Thema mitreden zu können

Die Bücher in elektronischer und gedruckter Form bringen das Expertenwissen von Springer-Fachautoren kompakt zur Darstellung. Sie sind besonders für die Nutzung als eBook auf Tablet-PCs, eBook-Readern und Smartphones geeignet. *essentials:* Wissensbausteine aus den Wirtschafts-, Sozial- und Geisteswissenschaften, aus Technik und Naturwissenschaften sowie aus Medizin, Psychologie und Gesundheitsberufen. Von renommierten Autoren aller Springer-Verlagsmarken.

Weitere Bände in der Reihe http://www.springer.com/series/13088

Andreas Meier

Werkzeuge der digitalen Wirtschaft: Big Data, NoSQL & Co.

Eine Einführung in relationale
und nicht-relationale Datenbanken

Andreas Meier
Departement für Informatik
Universität Fribourg
Fribourg, Schweiz

ISSN 2197-6708   ISSN 2197-6716   (electronic)
essentials
ISBN 978-3-658-20336-8   ISBN 978-3-658-20337-5   (eBook)
https://doi.org/10.1007/978-3-658-20337-5

Die Deutsche Nationalbibliothek verzeichnet diese Publikation in der Deutschen Nationalbiblio-
grafie; detaillierte bibliografische Daten sind im Internet über http://dnb.d-nb.de abrufbar.

Springer Vieweg
© Springer Fachmedien Wiesbaden GmbH 2018

Gedruckt auf säurefreiem und chlorfrei gebleichtem Papier

Springer Vieweg ist Teil von Springer Nature
Die eingetragene Gesellschaft ist Springer Fachmedien Wiesbaden GmbH
Die Anschrift der Gesellschaft ist: Abraham-Lincoln-Str. 46, 65189 Wiesbaden, Germany

Was Sie in diesem *essential* finden können

- Prägnante Einführung in das Themengebiet Big Data
- Grundlagen zu SQL- und NoSQL-Technologien
- Unterschiede bezüglich Datenmodellen, Abfragesprachen, Konsistenzgewährung und Architekturen
- Überblick über NoSQL-Datenbanken
- Kurzbeschreibung des Datenmanagements inkl. Berufsbild Data Scientist

Vorwort

Wissenschaft, Wirtschaft und Gesellschaft befinden sich in einer Umbruchphase, die oft als digitaler Transformationsprozess betitelt wird. Was ist darunter zu verstehen?

Unser wirtschaftliches, öffentliches und privates Leben wird von Informations- und Kommunikationstechnologien getrieben. Mit der explosionsartigen Entwicklung der weltweiten Datensammlung, dem World Wide Web, wird unser Leben mehr und mehr durch webbasierte Anwendungen und Service-Dienstleistungen bestimmt, ob wir das wollen oder nicht. Umso wichtiger ist es, die Grundlagen dieser Entwicklung, d.h. die wichtigsten Werkzeuge von Big Data, besser zu kennen. Nur so können wir die SQL- (SQL steht für Structured Query Language) und die NoSQL-Technologien (NoSQL steht für Not only SQL) besser einschätzen. Da diese Werkzeuge in unserem Alltag nicht mehr wegzudenken sind, sollten wir sowohl die Chancen wie die Risiken kennen.

Das *essential* ‚Big Data, NoSQL & Co.' stellt die wichtigsten Werkzeuge für den digitalen Transformationsprozess vor mit dem Ziel, Laien und Wissenshungrigen ohne große Vorkenntnisse einen Einblick in die semantische Datenmodellierung, in Sprachkonzepte für die Auswertung der Daten, Methoden der Konsistenzgewährung und in wichtige Architekturkonzepte zu geben. Darüber hinaus wird aufgezeigt, wie ein Datenmanagement im Zeitalter von Big Data Erfolg versprechend organisiert werden kann.

Das vorliegende *essential* besteht aus punktuellen Auszügen aus dem Lehrbuch ‚relationale und postrelationale Datenbanken' (Meier 2010, siebte Aufl.) sowie aus der Nachauflage unter dem Titel ‚SQL- & NoSQL-Datenbanken' (Meier und Kaufmann 2016, achte Aufl.). Zudem wurde das Kapitel ‚Datenmanagement mit SQL und NoSQL' (Meier 2015) aus dem Herausgeberwerk ‚Big Data – Grundlagen, Systeme und Nutzenpotenziale' von Fasel und Meier (2015) weitgehend übernommen. Die Vorstellung der NoSQL-Datenbanken stammt aus

dem Grundlagenbeitrag ‚Zur Nutzung von SQL- und NoSQL-Technologien'
(Meier 2016) aus dem HMD-Heft ‚NoSQL-Anwendungen' von Knoll (2016).
Sämtliche verwendeten Textteile wurden von mir persönlich verfasst und für das
vorliegende *essential* neu zusammengestellt und teilweise ergänzt.

Sabine Kathke vom Verlag Springer Vieweg hat mich immer wieder ermuntert,
angliedernd an meine Veröffentlichungen zu Big Data und NoSQL-Datenbanken
einen Band zu den *essentials* beizusteuern. An dieser Stelle möchte ich mich für
Ihre Geduld und den Support herzlich bedanken.

Nun hoffe ich, dass Sie mit dem *essential* ‚Big Data, NoSQL & Co. – Werkzeuge der digitalen Wirtschaft' die Chancen und Risiken dieser Entwicklung besser
einschätzen und für Ihre Zwecke nutzen können. Kommentare und Anregungen für
eine mögliche Neuauflage nehme ich gerne unter andreas.meier@unifr.ch entgegen.

Universität Fribourg/Schweiz   Andreas Meier
im August 2017

Inhaltsverzeichnis

Zur Digitalisierung der Wirtschaft

Der Wandel von der Industrie- zur Informations- und Wissensgesellschaft spiegelt sich in der Bewertung der Information als Produktionsfaktor wider. Information hat im Gegensatz zu materiellen Wirtschaftsgütern folgende Eigenschaften:

- **Darstellung:** Information wird durch Zeichen, Signale, Nachrichten oder Sprachelemente spezifiziert.
- **Verarbeitung:** Information kann mit der Hilfe von Algorithmen (Berechnungsvorschriften) übermittelt, gespeichert, klassifiziert, aufgefunden und in andere Darstellungsformen transformiert werden.
- **Kombination:** Information ist beliebig kombinierbar. Die Herkunft einzelner Teile ist nicht nachweisbar. Manipulationen sind jederzeit möglich.
- **Alter:** Information unterliegt keinem physikalischen Alterungsprozess.
- **Original:** Information ist beliebig kopierbar und kennt keine Originale.
- **Vagheit:** Information ist unscharf, d. h. sie ist oft unpräzis und hat unterschiedliche Aussagekraft (Qualität).
- **Träger:** Information benötigt keinen fixierten Träger, d. h., sie ist unabhängig vom Ort.

Diese Eigenschaften belegen, dass sich digitale Güter (Informationen, Software, Multimedia etc.) in der Handhabung sowie in der ökonomischen und rechtlichen Wertung von materiellen Gütern stark unterscheiden. Beispielsweise verlieren physische Produkte durch die Nutzung meistens an Wert, gegenseitige Nutzung von Informationen hingegen kann einem Wertzuwachs dienen. Ein weiterer Unterschied besteht darin, dass materielle Güter mit mehr oder weniger hohen Kosten hergestellt werden, die Vervielfältigung von Informationen jedoch einfach und kostengünstig ist (Rechenaufwand, Material des Informationsträgers). Dies wiederum führt dazu, dass die Eigentumsrechte und Besitzverhältnisse schwer zu

© Springer Fachmedien Wiesbaden GmbH 2018
A. Meier, *Werkzeuge der digitalen Wirtschaft: Big Data, NoSQL & Co.*,
essentials, https://doi.org/10.1007/978-3-658-20337-5_1

bestimmen sind, obwohl man digitale Wasserzeichen und andere Datenschutz- und Sicherheitsmechanismen zur Verfügung hat.

Fasst man die Information als Produktionsfaktor im Unternehmen auf, so hat das wichtige Konsequenzen:

- **Entscheidungsgrundlage:** Informationen bilden Entscheidungsgrundlagen und sind somit in allen Organisationsfunktionen von Bedeutung.
- **Qualitätsanspruch:** Informationen können aus unterschiedlichen Quellen zugänglich gemacht werden; die Qualität der Information ist von der Verfügbarkeit, Korrektheit und Vollständigkeit abhängig.
- **Investitionsbedarf:** Durch das Sammeln, Speichern und Verarbeiten von Informationen fallen Aufwände und Kosten an.
- **Integrationsgrad:** Aufgabengebiete und -träger jeder Organisation sind durch Informationsbeziehungen miteinander verknüpft, die Erfüllung ist damit von hohem Maße vom Integrationsgrad der Informationsfunktion abhängig.

Ist man bereit, die Information als Produktionsfaktor zu betrachten, muss diese Ressource geplant, gesteuert, überwacht und kontrolliert werden. Damit ergibt sich die Notwendigkeit, das Informationsmanagement als Führungsaufgabe wahrzunehmen. Dies bedeutet einen grundlegenden Wechsel im Unternehmen: Neben einer technisch orientierten Funktion wie Betrieb der Informations- und Kommunikationsinfrastruktur (Produktion) muss die Planung und Gestaltung der Informationsfunktion (Anwendungsportfolio) ebenso wahrgenommen werden.

Ein rechnergestütztes Informationssystem erlaubt dem Anwender gemäß Abb. 1.1, Fragen zu stellen und Antworten zu erhalten. Je nach Art des Informationssystems

Informationssystem

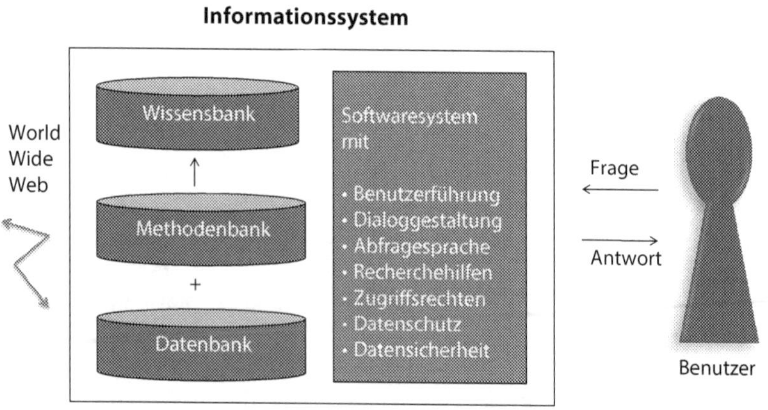

Abb. 1.1 Architektur und Komponenten eines Informationssystems, angelehnt an Meier (2010)

sind hier Fragen zu einem begrenzten Anwendungsbereich zulässig. Darüber hinaus existieren offene Informationssysteme und Webplattformen im World Wide Web, die beliebige Anfragen mit der Hilfe einer Suchmaschine bearbeiten. In Abb. 1.1 ist das rechnergestützte Informationssystem mit einem Kommunikationsnetz resp. mit dem Internet verbunden, um neben unternehmensspezifischen Auswertungen webbasierte Recherchearbeiten sowie Informationsaustausch weltweit zu ermöglichen.

Jedes Informationssystem besteht aus einer Speicherungs- und einer Softwarekomponente. Die Speicherungskomponente umfasst nicht nur Daten, sondern kann Verfahren (Methoden, Algorithmen) betreffen. Bei bestimmten Typen von Informationssystemen ist es möglich, mithilfe spezifischer Algorithmen (Data Mining) noch nicht bekannte Sachverhalte aus den Datensammlungen zu extrahieren. Dabei entsteht eine Wissensbank resp. ein wissensbasiertes Informationssystem.

Die Softwarekomponente eines Informationssystems enthält eine Abfrage- und Manipulationssprache, um die Daten und Informationen auswerten und verändern zu können. Dabei wird der Anwender mit einer Dialogkomponente geführt, die Hilfestellungen und Erklärungen anbietet. Die Softwarekomponente bedient nicht nur die Benutzerschnittstelle, sondern verwaltet auch Zugriffs- und Bearbeitungsrechte der Anwender.

Jedes umfangreichere Informationssystem nutzt Datenbanktechnologien, um die Verwaltung und Auswertung der Daten nicht jedes Mal von Grund auf neu entwickeln zu müssen. Eine besondere Herausforderung stellt sich, wenn webbasierte Dienstleistungen mit heterogenen Datenbeständen in Echtzeit bewältigt werden müssen.

Was heißt Big Data?

2

Mit dem Schlagwort ‚Big Data' werden umfangreiche Datenbestände bezeichnet, die mit herkömmlichen Softwarewerkzeugen kaum mehr zu bewältigen sind. Die Daten sind meistens unstrukturiert und stammen aus unterschiedlichen Quellen: Mitteilungen (Postings) aus sozialen Netzen, E-Mails, elektronische Archive mit Multimedia-Inhalten, Anfragen aus Suchmaschinen, Dokumentsammlungen aus Content Management Systemen, Sensordaten beliebiger Art, Kursentwicklungen von Börsenplätzen, Daten aus Verkehrsströmen, Satellitenbilder, Messdaten von den Geräten des Haushalts (Smart Meter); Bestell-, Kauf- und Bezahlvorgänge elektronischer Shops, Daten aus eHealth-Anwendungen, Aufzeichnungen von Monitoring-Systemen etc.

Für den Begriff Big Data gibt es noch keine verbindliche Definition, doch die meisten Datenspezialisten berufen sich auf mindestens drei V's: Volume (umfangreicher Datenbestand), Variety (Vielfalt von Datenformaten; strukturierte, semi-strukturierte und unstrukturierte Daten; siehe Abb. 2.1) und Velocity (hohe Verarbeitungsgeschwindigkeit, ev. Echtzeitverarbeitung).

Im IT-Glossar der Gartner Group findet sich folgende Definition:
Big Data: ‚Big data is high-volume, high-velocity and high-variety information assets that demand cost-effective, innovative forms of information processing for enhanced insight and decision making'[1].

Die Gartner Group geht soweit, Big Data als Informationskapital oder Vermögenswert (information asset) des Unternehmens zu betrachten. Tatsächlich müssen Unternehmen und Organisationen entscheidungsrelevantes Wissen generieren, um

---

[1]Gartner Group, IT Glossary – Big Data; http://www.gartner.com/it-glossary/big-data/, abgerufen am 24. Juli 2017.

© Springer Fachmedien Wiesbaden GmbH 2018   5
A. Meier, *Werkzeuge der digitalen Wirtschaft: Big Data, NoSQL & Co.*,
essentials, https://doi.org/10.1007/978-3-658-20337-5_2

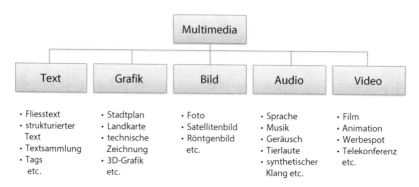

Abb. 2.1 Vielfalt der Quellen bei Big Data. (Quelle: Meier und Kaufmann 2016)

überleben zu können. Dabei setzen sie neben den eigenen Informationssystemen vermehrt auf die Vielfalt der Ressourcen im Web, um ökonomische, ökologische und gesellschaftliche Entwicklungen im Markt besser antizipieren zu können.

Big Data ist nicht nur eine Herausforderung für profitorientierte Unternehmen im elektronischen Geschäft sondern auch für das Aufgabenspektrum von Regierungen, öffentlichen Verwaltungen, NGO's (Non Governmental Organizations) und NPO's (Non Profit Organizations).

Als Beispiel seien die Programme für Smart City oder Ubiquitous City erwähnt, d. h. die Nutzung von Big Data Technologien in Städten und Agglomerationen. Ziel dabei ist, den sozialen und ökologischen Lebensraum nachhaltig zu entwickeln. Dazu zählen z. B. Projekte zur Verbesserung der Mobilität, Nutzung intelligenter Systeme für Wasser- und Energieversorgung, Förderung sozialer Netzwerke, Erweiterung politischer Partizipation, Ausbau von Entrepreneurship, Schutz der Umwelt oder Erhöhung von Sicherheit und Lebensqualität.

Zusammengefasst geht es bei Big Data Anwendungen um die Beherrschung der folgenden drei V's:

- **Volume:** Der Datenbestand ist umfangreich und liegt im Tera- bis Zettabytebereich (Megabyte $= 10^6$ Byte, Gigabyte $= 10^9$ Byte, Terabyte $= 10^{12}$ Byte, Petabyte $= 10^{15}$ Byte, Exabyte $= 10^{18}$ Byte, Zettabyte $= 10^{21}$ Byte).
- **Variety:** Unter Vielfalt versteht man bei Big Data die Speicherung von strukturierten, semi-strukturierten und unstrukturierten Multimedia Daten (Text, Grafik, Bilder, Audio und Video; vgl. Abb. 2.1).
- **Velocity:** Der Begriff bedeutet Geschwindigkeit und verlangt, dass Datenströme (Data Streams, vgl. Kap. 7) in Echtzeit ausgewertet und analysiert werden können.

In der Definition der Gartner Group wird von Informationskapital oder Vermögenswert gesprochen. Aus diesem Grunde fügen einige Experten ein weiteres V zur Definition von Big Data hinzu:

- **Value:** Big Data Anwendung sollen den Unternehmenswert steigern. Investitionen in Personal und technischer Infrastruktur werden dort gemacht, wo eine Hebelwirkung besteht resp. ein Mehrwert generiert werden kann.

Viele Angebote für NoSQL-Datenbanken sind Open Source. Zudem zeichnen sich diese Technologien aus, dass sie mit kostengünstiger Hardware auskommen und leicht skalierbar sind. Auf der anderen Seite besteht ein Engpass bei gut ausgebildetem Personal, denn das Berufsbild des Data Scientist (siehe Kap. 9) ist erst im Entstehen. Entsprechende Ausbildungsangebote sind in Diskussion oder in der Pilotphase.

Ein letztes V soll die Diskussion zur Begriffsbildung von Big Data abrunden:

- **Veracity:** Da viele Daten vage oder ungenau sind, müssen spezifische Algorithmen zur Bewertung der Aussagekraft resp. zur Qualitätseinschätzung der Resultate verwendet werden. Umfangreiche Datenbestände garantieren nicht per se bessere Auswertungsqualität.

Veracity bedeutet in der deutschen Übersetzung Aufrichtigkeit oder Wahrhaftigkeit. Im Zusammenhang mit Big Data wird damit ausgedrückt, dass Datenbestände in unterschiedlicher Datenqualität vorliegen und dass bei Auswertungen dies berücksichtigt werden muss. Neben statistischen Verfahren existieren unscharfe Methoden des Soft Computing, die einem Resultat oder einer Aussage einen Wahrheitswert zwischen 0 (falsch) und 1 (wahr) zuordnen (vgl. Fuzzy Datenbanken in der Forschungsliteratur resp. die Buchreihe Fuzzy Management Methods des Springer Verlags von Meier et al. 2017).

Unterschied zwischen SQL- und NoSQL-Datenbanken

3

Das Kürzel ‚SQL' steht für die international standardisierte Sprache ‚Structured Query Language', die bei allen relationalen Datenbanksystemen mitgeliefert wird. Die Grundstruktur lautet:

SELECT   Merkmale der Resultatstabelle (Output)
FROM   Suchtabellen (Input)
WHERE   Selektionsbedingungen (Processing)

Der Begriff ‚NoSQL', oft als ‚Not only SQL' interpretiert, umfasst eine Reihe von Open Source Datenbanksystemen, die nicht dem relationalen Datenbankmodell unterliegen. Im Folgenden sollen SQL- und NoSQL-Datenbankansätze vorgestellt und miteinander verglichen werden.

Ein relationales Datenbanksystem, oft SQL-Datenbanksystem genannt, ist gemäß Abb. 3.1 ein integriertes System zur einheitlichen Verwaltung von Tabellen. Neben Dienstfunktionen stellt es die deskriptive Sprache SQL für Datenbeschreibungen, Datenmanipulationen und -selektionen zur Verfügung.

Die Eigenschaften eines relationalen Datenbanksystems lassen sich wie folgt zusammenfassen:

- **Modell:** Das Datenmodell ist relational, d. h. alle Daten werden in Tabellen abgelegt. Funktionale Abhängigkeiten zwischen den Merkmalswerten einer Tabelle oder mehrfach vorkommende Sachverhalte bilden die Grundlage sogenannter Normalformen. Mit der Einhaltung dieser Normalformen werden konsistente und nicht-redundante Datenbankentwürfe garantiert.
- **Architektur:** Das System gewährleistet Datenunabhängigkeit, d. h. Daten und Anwendungsprogramme bleiben weitgehend voneinander getrennt. Diese

© Springer Fachmedien Wiesbaden GmbH 2018
A. Meier, *Werkzeuge der digitalen Wirtschaft: Big Data, NoSQL & Co.*,
essentials, https://doi.org/10.1007/978-3-658-20337-5_3

Relationales Datenbanksystem

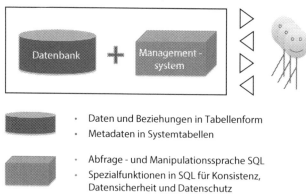

- Daten und Beziehungen in Tabellenform
- Metadaten in Systemtabellen

- Abfrage - und Manipulationssprache SQL
- Spezialfunktionen in SQL für Konsistenz, Datensicherheit und Datenschutz

Abb. 3.1 Grundstruktur eines relationalen Datenbanksystems. (Quelle: Meier und Kaufmann 2016)

Unabhängigkeit ergibt sich aus der Tatsache, dass die eigentliche Speicherungskomponente von der Anwenderseite durch eine Verwaltungskomponente entkoppelt ist.

- **Schema:** Die Definition der Tabellen und der Merkmale werden im relationalen Datenbankschema abgelegt. Dieses enthält zudem die Definition der Identifikationsschlüssel sowie Regeln zur Gewährung der Integrität.
- **Sprache:** Das Datenbanksystem verwendet SQL zur Datendefinition, -selektion und -manipulation. Die Sprachkomponente ist deskriptiv und entlastet den Anwender bei Auswertungen oder bei Programmiertätigkeiten.
- **Mehrbenutzerbetrieb:** Das System unterstützt den Mehrbenutzerbetrieb, d. h. es können mehrere Benutzer gleichzeitig ein und dieselbe Datenbank abfragen oder bearbeiten.
- **Konsistenzgewährung:** Ein relationales Datenbanksystem garantiert jederzeit Konsistenzerhaltung (strong consistency). Zudem bestehen Funktionen für die fehlerfreie und korrekte Speicherung der Daten sowie ihren Schutz vor Zerstörung, vor Verlust, vor unbefugtem Zugriff und Missbrauch.

Relationale Datenbanksysteme sind zur Zeit in den meisten Unternehmen, Organisationen und vor allem in KMU's (kleinere und mittlere Unternehmen) nicht mehr wegzudenken. Bei massiv verteilten Anwendungen im Web hingegen oder bei Big Data Anwendungen muss die relationale Datenbanktechnologie mit NoSQL-Technologien ergänzt werden, um Webdienste rund um die Uhr und weltweit anbieten zu können.

Ein NoSQL-Datenbanksystem unterliegt gemäß Abb. 3.2 einer massiv verteilten Datenhaltungsarchitektur. Die Daten selber werden je nach Typ der NoSQL-Datenbank entweder als Schlüssel-Wertpaare (Key/Value Store), in Spalten oder Spaltenfamilien (Column Store), in Dokumentspeichern (Document Store) oder in Graphen (Graph Database) gehalten (vgl. Kap. 8).

Um hohe Verfügbarkeit zu gewähren und das NoSQL-Datenbanksystem gegen Ausfälle zu schützen, werden unterschiedliche Replikationskonzepte unterstützt (vgl. z. B. das Consistent Hashing). Zudem wird mit dem sogenannten Map/Reduce-Verfahren (Kap. 7) hohe Parallelität und Effizienz für die Datenverarbeitung gewährleistet. Beim Map/Reduce-Verfahren werden Teilaufgaben an diverse Rechnerknoten verteilt und einfache Schlüssel-Wertpaare extrahiert (Map) bevor die Teilresultate zusammengefasst und ausgegeben werden (Reduce).

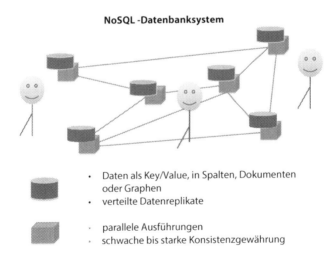

NoSQL -Datenbanksystem

- Daten als Key/Value, in Spalten, Dokumenten oder Graphen
- verteilte Datenreplikate

- parallele Ausführungen
- schwache bis starke Konsistenzgewährung

Abb. 3.2 Grundstruktur eines NoSQL-Datenbanksystems. (Quelle: Meier und Kaufmann 2016)

Die folgende Definition für NoSQL-Datenbanken ist angelehnt an das web-basierte NoSQL-Archiv[1] sowie an das Lehrbuch von Meier und Kaufmann 2016. Webbasierte Speichersysteme werden als NoSQL-Datenbanksysteme bezeichnet, falls sie folgende Bedingungen erfüllen:

- **Modell:** Das zugrunde liegende Datenmodell ist nicht relational.
- **Architektur:** Die Datenarchitektur unterstützt massiv verteilte Webanwendungen und horizontale Skalierung.
- **Mindestens 3 V:** Das Datenbanksystem erfüllt die Anforderungen für umfangreiche Datenbestände (Volume), flexible Datenstrukturen (Variety) und Echtzeitverarbeitung (Velocity).
- **Schema:** Das Datenbanksystem unterliegt keinem fixen Datenbankschema.
- **Replikation:** Das Datenbanksystem unterstützt die Datenreplikation.
- **Mehrbenutzerbetrieb:** Der Mehrbenutzerbetrieb wird unterstützt, wobei differenzierte Konsistenzeinstellungen gewählt werden können.
- **Konsistenzgewährung:** Aufgrund des CAP-Theorems[2] ist die Konsistenz lediglich verzögert gewährleistet (weak consistency), falls hohe Verfügbarkeit und Ausfalltoleranz angestrebt werden.

Die Forscher und Betreiber des NoSQL-Archivs listen auf ihrer Webplattform zur Zeit 225 (!) NoSQL-Datenbankprodukte auf. Der Großteil dieser Systeme ist Open Source. Allerdings zeigt die Vielfalt der Angebote auf, dass der Markt von NoSQL-Lösungen noch unsicher ist. Zudem müssen für den Einsatz von geeigneten NoSQL-Technologien Spezialisten gefunden werden, die nicht nur die Konzepte beherrschen, sondern auch die vielfältigen Architekturansätze und Werkzeuge (vgl. organisatorische Aspekte in Kap. 9).

---

[1]NoSQL-Archiv; http://nosql-database.org/, abgerufen am 24. Juli 2017.
[2]Das CAP-Theorem (C = Consistency, A = Availability, P = Partition Tolerance) sagt aus, dass in einem massiv verteilten Datenbanksystem jeweils nur zwei Eigenschaften aus den drei der Konsistenz (C), Verfügbarkeit (A) und Ausfalltoleranz (P) garantiert werden können.

Semantische Modellbildung

4

Unter Modellbildung versteht man die Abstraktion eines Ausschnitts der realen Welt oder unserer Vorstellung in Form einer formalen Beschreibung. Ein semantisches Datenmodell bezweckt, die Datenarchitektur eines Informationssystems unter Berücksichtigung der semantischen Zusammenhänge der Objekte und Beziehungen zu erfassen. Konkret werden Daten und Datenbeziehungen durch Abstraktion und Klassenbildung beschrieben. Ein Modellzyklus erlaubt, einmal erkannte Objekte der Realität oder Fantasie und deren Beziehungen untereinander in die reale Umgebung zurückzuführen. Durch die mehrmalige Anwendung der Modellzyklen eröffnen sich Erkenntnisse und Zusammenhänge (kognitive Struktur).

Peter Pin-Shan Chen vom MIT in Bosten hat 1976 in den Transactions on Database Systems der ACM sein Forschungspapier ‚The Entity-Relationship Model – Towards a Unified View of Data' publiziert (Chen 1976). Er unterscheidet dabei Entitätsmengen (Menge von wohlunterscheidbaren Objekten der realen Welt oder unserer Vorstellung) und Beziehungsmengen. Entitätsmengen werden als Rechtecke und Beziehungsmengen als Rhomben grafisch dargestellt, wobei die Eigenschaften (Attribute) diesen Konstrukten angehängt werden. Chen stellt gleich zu Beginn seines Forschungspapiers fest: ‚[This model] incorporates some of the important semantic information about the real world ...'.

Im Folgenden testen wir das Entitäten-Beziehungsmodell auf die Nützlichkeit sowohl für die Modellierung von SQL- wie NoSQL-Datenbanken. Als Ausschnitt der realen Welt verwenden wir ein kleines Anwendungsbeispiel aus der Filmwelt mit Darstellern und Regisseuren. Ein rudimentäres Informationssystem soll Filme durch Titel, Erscheinungsjahr und Genre charakterisieren. Zudem interessieren wir uns für Schauspieler mit Namen und Geburtsjahr; dito für Regisseure. Das Informationssystem soll nicht nur Auskunft geben über Filme und Filmemacher, sondern auch aufzeigen, wer welche Rollen bei Filmprojekten eingenommen hat.

© Springer Fachmedien Wiesbaden GmbH 2018
A. Meier, *Werkzeuge der digitalen Wirtschaft: Big Data, NoSQL & Co.*,
essentials, https://doi.org/10.1007/978-3-658-20337-5_4

Objekte oder Konzepte der realen Welt werden im Entitäten-Beziehungsmodell als Entitätsmengen dargestellt. Aus diesem Grunde definieren wir in
Abb. 4.1 die Entitätsmengen FILM, DARSTELLER und REGISSEUR mit ihren
jeweiligen Merkmalen. Da das Genre des Films von Bedeutung ist, entscheiden
wir uns für eine eigenständige Entitätsmenge GENRE, um die Filme typisieren
zu können.

Beziehungen unter den Objekten werden als Beziehungsmengen modelliert,
wobei die Eindeutigkeit einer Beziehung in der Menge durch Schlüsselkombina-
tionen ausgedrückt wird. Die Beziehungsmenge SPIELT besitzt gemäß Abb. 4.1
die beiden Fremdschlüssel F# aus der Entitätsmenge FILM resp. D# aus DAR-
STELLER. Zudem enthält die Beziehungsmenge SPIELT das eigenständige
Beziehungsmerkmal ‚Rolle‘, um das Auftreten des jeweiligen Schauspielers in
seinen Filmen ausdrücken zu können.

Das Entitäten-Beziehungsmodell unterstützt den konzeptionellen Entwurf und
besticht, weil es für unterschiedliche Datenbankgenerationen verwendet werden
kann. Im ursprünglichen Forschungspapier hat Peter Chen aufgezeigt, wie sich
ein Entitäten-Beziehungsmodell in relationale oder netzwerkartige Datenbanken
abbilden lässt.

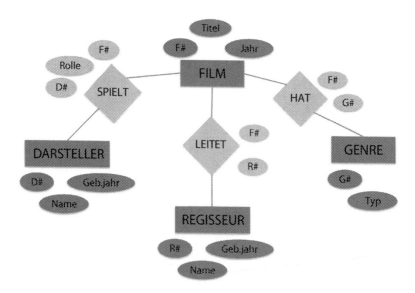

Abb. 4.1 Entitäten-Beziehungsmodell für Filme und Filmemacher. (Quelle: Meier 2015)

In der Praxis können bei der Entwicklung eines Informationssystems die Bedürfnisse der Anwender im Entitäten-Beziehungsmodell unabhängig von der Datenbanktechnik ausgedrückt werden. Neben der Datenstruktur mit Entitätsmengen und Beziehungsmengen lassen sich Fragen diskutieren, die später durchs Informationssystem beantwortet werden. Auf unser Filmbeispiel könnte interessieren, in welchen Filmen der Schauspieler Keanu Reeves aufgetreten ist, welche Rollen er jeweils hatte oder ob er bereits als Regisseur Erfahrungen gesammelt hat.

Objekte der realen Welt lassen sich meistens durch Substantive ausdrücken; sie werden durch Entitätsmengen dargestellt und durch Rechtecke symbolisiert. Beziehungen zwischen Objekten werden mit Verben charakterisiert. Chen wählte in seinem Modell für diese Beziehungsmengen ebenfalls ein eigenes Konstrukt (Rhombus). Frage: Was in unserem Leben lässt sich nicht durch Objekte und Objektbeziehungen ausdrücken?

Eine Diskussion des Entitäten-Beziehungsmodells mit den Auftraggebern, mit künftigen Nutzern verschiedener Fachbereiche oder mit Kunden und Lieferanten verifiziert die Datenarchitektur, bevor teure Investitionen in Infrastruktur und Personal geleistet werden. Kommt hinzu, dass die Vertreter unterschiedlicher Anspruchsgruppen sich nicht in den vielfältigen Datenbank- oder Softwaretechnologien auskennen müssen. Ein Entitäten-Beziehungsmodell verwendet natürlich-sprachliche Begriffe (Substantive, Verben, Eigenschaften) bei der Lösungssuche und benötigt keine Übersetzung des Untersuchungsgegenstandes (Universe of Discourse).

Das Relationenmodell

Das Relationenmodell wurde vom englischen Mathematiker Edgar Frank Codd konzipiert und 1970 unter dem Titel ‚A Relational Model of Data for Large Shared Data Banks' bei den Communications of he ACM veröffentlicht (Codd 1970). Er arbeitete zu dieser Zeit am IBM Forschungslabor San Jose in Kalifornien, wo eines der ersten relationalen Datenbanksysteme unter dem Namen ‚System R' entwickelt wurde. Damals verwendete dieser Prototyp die Abfragesprache SEQUEL (Structured English Query Language), die als Grundlage für die international standardisierte Abfragesprache SQL (Structured Query Language) diente. Das Forschungsvehikel System R bildete die Basis für die relationalen Datenbanksysteme der IBM (DB2, SQL/DS), Oracle (Oracle Database Server und Derivate) oder Microsoft (SQL Server).

Das Relationenmodell kennt ein einziges Konstrukt, das einer Tabelle. Eine Tabelle oder Relation ist eine Menge von Tupeln (Datensätzen). Jedes Tupel besteht wiederum aus einer Menge von Attributen (Merkmale), welche die Eigenschaften des Tupels aus vordefinierten Wertebereichen in Spalten darstellen (siehe Fallbeispiel Abb. 4.2).

Ted Codd wollte mit der Definition eines Tabellenkonstrukts keine Ordnungsrelationen vorgeben, um möglichst unabhängig zu bleiben. Sowohl die Anzahl als auch die Ordnung der Tupel wie der Spalten ist demnach beliebig, da Mengen im mathematischen Sinne ungeordnet sind. Was den Geschmack oder das Bedürfnis des Anwenders betrifft, kann dieser jederzeit mit der Abfragesprache SQL seine Resultatstabelle nach unterschiedlichen Kriterien generieren (z. B. ORDER-BY-Klausel mit aufsteigender oder absteigender Reihenfolge bestimmter Merkmale).

Wenden wir uns der Abbildung eines Entitäten-Beziehungsmodells auf ein Relationenmodell zu (Abb. 4.2). Aus jeder Entitätsmenge des Fallbeispiels aus der Filmbranche wird eine Tabelle, wobei die Merkmale der Entitätsmengen in Attribute resp. Spaltennamen der Tabelle übergehen. So erhalten wir die Tabellen

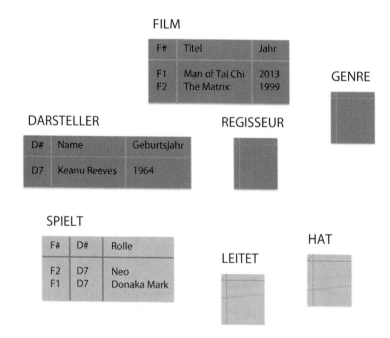

Abb. 4.2 Auszug Relationenmodell für Filme und Filmemacher. (Quelle: Meier 2015)

FILM, DARSTELLER, REGISSEUR und GENRE. Auf analoge Art und Weise werden die Beziehungsmengen in Tabellen überführt, mit der Mitnahme der Beziehungsmerkmale. Hier erhalten wir die drei Tabellen SPIELT, LEITET und HAT. Die Tabelle SPIELT drückt beispielsweise die Rollen der Schauspieler (D#) in ihren Filmen (F#) aus: Keanu Reeves spielte den Neo im Film ‚The Matrix', was im Beziehungstupel (F2, D7, Neo) resultiert.

Die Stärke des Relationenmodells liegt in seiner Einfachheit: Alle Objekte und Beziehungen der realen Welt oder unserer Vorstellung werden in Tabellen ausgedrückt. Von jeher sind wir es gewohnt, tabellarische Datensammlungen ohne Interpretationshilfen zu lesen und zu verstehen. Bei der Nutzung der Abfragesprache SQL werden wir sehen, dass das Resultat jeder Recherche in einer Tabelle dargestellt wird. Demnach werden Tabellen (Input) durch Operatoren der sogenannten Relationenalgebra (Processing) in Resultatstabellen (Output) überführt.

Als Modellierwerkzeug ist das Relationenmodell schlecht geeignet, denn Entitätsmengen wie Beziehungsmengen müssen in Tabellen ausgedrückt werden. Aus diesem Grunde wählt man meistens das Entitäten-Beziehungsmodell (oder ähnliche Modelle, wie z. B. die Unified Modelling Language UML), um einen Ausschnitt der realen Welt abstrakt zu beschreiben. Entsprechend existieren klare Abbildungsregeln, um Entitätsmengen sowie einfach-einfache, hierarchische oder netzwerkartige Beziehungsmengen oder weitere Abstraktionskonstrukte wie Generalisierungshierarchien resp. Aggregationsstrukturen in Tabellen zu überführen.

Das Graphenmodell

Graphenmodelle sind in vielen Anwendungsgebieten kaum mehr wegzudenken. Sie finden überall Gebrauch, wo netzwerkartige Strukturen analysiert oder optimiert werden müssen. Stichworte dazu sind Rechnernetzwerke, Transportsysteme, Robotereinsätze, Energieleitsysteme, elektronische Schaltungen, soziale Netze oder betriebswirtschaftliche Themengebiete.

Ein ungerichteter Graph besteht aus einer Knotenmenge und aus einer Kantenmenge, wobei jeder Kante zwei nicht notwendigerweise verschiedene Knoten zugeordnet sind. Auf diesem abstrakten Niveau lassen sich Eigenschaften von Netzstrukturen analysieren (vgl. z. B. Tittmann 2011): Wie viele Kanten muss man durchlaufen, um von einem Ausgangsknoten zu einem bestimmten Knoten zu gelangen? Gibt es zwischen je zwei Knoten einen Weg? Kann man die Kanten eines Graphen so durchlaufen, dass man jeden Knoten einmal besucht? Wie kann man einen Graphen so zeichnen, dass sich keine zwei Kanten in der Ebene schneiden? etc.

Viele praktische Problemstellungen werden mit der Graphentheorie elegant gelöst. Bereits 1736 hat der Mathematiker Leonhard Euler anhand der sieben Brücken von Königsberg herausgefunden, dass nur dann ein Weg existiert, der jede Brücke genau einmal überqueren lässt, wenn jeder Knoten einen geraden Grad besitzt. Dabei drückt der Grad eines Knotens die Anzahl der zu ihm inzidenten Kanten aus. Ein sogenannter Eulerkreisweg existiert also dann, wenn ein Graph zusammenhängend ist, d. h. zwischen je zwei Knoten gibt es einen Weg, und wenn jeder Knoten einen geraden Grad besitzt.

Wichtig für viele Transport- oder Kommunikationsnetze ist die Berechnung der kürzesten Wege. Edsger W. Dijkstra hat 1959 in einer dreiseitigen Notiz einen Algorithmus beschrieben, um die kürzesten Pfade in einem Netzwerk zu berechnen. Dieser Algorithmus, oft als Dijkstra-Algorithmus bezeichnet (Dijkstra 1959), benötigt einen gewichteten Graphen (Gewichte der Kanten: z. B. Wegstrecken mit Maßen wie Laufmeter oder Minuten) und einen Startknoten, um von ihm aus zu einem beliebigen Knoten im Netz die kürzeste Wegstrecke zu berechnen.

Eine weitere klassische Frage, die mittels Graphen beantwortet werden kann, ist die Suche nach dem nächsten Postamt. In einer Stadt mit vielen Postämtern (analog dazu Diskotheken, Restaurants oder Kinos etc.) möchte ein Webnutzer das nächste Postamt abrufen. Welches liegt am nächsten zu seinem jetzigen Standort? Dies sind typische Suchfragen, die standortabhängig beantwortet werden sollten (location-based services).

In Abb. 4.3 ist ein Ausschnitt eines gerichteten und attributierten Graphen für das Filmbeispiel gegeben. Hier haben die Knoten wie die Kanten eindeutige Namen und je nach Bedarf auch Eigenschaften. Filme beispielsweise werden im Knoten FILM abgelegt, mit den Eigenschaften Titel und Jahr (Erscheinungsjahr).

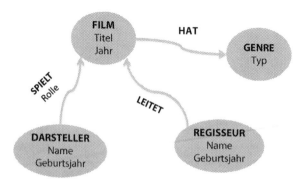

Abb. 4.3 Ausschnitt eines Graphenmodells für Filme und Filmemacher. (Quelle: Meier 2015)

Entsprechend werden die Knoten DARSTELLER, REGISSEUR und GENRE definiert. Die Kante SPIELT ist gerichtet und führt vom Knoten DARSTEL-LER zum Knoten FILM; sie weist als Eigenschaft die Rollen der Schauspieler in unterschiedlichen Filmen aus.

Für die Abbildung eines Entitäten-Beziehungsmodells auf ein Graphenmodell existieren Abbildungsregeln (vgl. Meier und Kaufmann 2016). So werden Entitätsmengen in Knoten und Beziehungsmengen in Kanten überführt, je nachdem, ob die Beziehungsmengen einfach-einfache, hierarchische oder netzwerkartige Konstellationen ausdrücken. Entsprechend lassen sich Generalisierungshierarchien sowie hierarchische oder netzwerkartige Aggregationsstrukturen in Graphen überführen.

Das Graphenmodell zeigt seine Stärken, weil es viele semantische Zusammenhänge ausdrücken kann. Es besitzt je ein Konstrukt für Objekte (Knoten) und für Beziehungen zwischen Objekten (Kanten). Knoten wie Kanten können mit Namen und Eigenschaften versehen werden. Zudem kann jederzeit auf die umfangreiche Sammlung von Graphalgorithmen zurückgegriffen werden.

Bei der Nutzung von Graphdatenbanken (Robinson et al. 2013) zeigt sich, dass die Graphen mit ihren Ausprägungen rasch komplex werden. Um die Übersichtlichkeit zu gewährleisten, lohnt es sich, Visualisierungstechniken ev. mit Farbstufen zu verwenden. Zudem sollten grafische Benutzerschnittstellen angeboten werden, um Abfragen in der Graphdatenbank benutzerfreundlich durchzuführen.

Relationenorientierte und graphbasierte Abfragesprachen

5

Informationen sind eine unentbehrliche Ressource sowohl im Geschäfts- wie im Privatleben. Mit der Hilfe von Abfragesprachen können die Benutzer elektronische Datenbestände im Web oder in spezifischen Datensammlungen durchforsten. Das Ergebnis einer Abfrage (Query) ist ein Auszug des Datenbestandes, der die Frage des Anwenders mehr oder weniger beantwortet (vgl. Abb. 1.1). Der Wert des Resultats ist abhängig von der Güte des Datenbestandes wie der Funktionalität der gewählten Abfragesprache.

Das Fachgebiet Information Retrieval widmet sich der Informationssuche. Ursprünglich ging es darum, Dokumente in elektronischen Sammlungen aufzufinden. Mit der Hilfe von Deskriptoren wurden die Textsammlungen verschlagwortet und elektronisch abgelegt. Mit geeigneten Retrieval-Sprachen, bei denen man Begriffe im Suchfenster eingab, wurde ein Matching der Anfrage mit den Vorkommen in der Datensammlung berechnet. Diejenigen Dokumente, die am nächsten bei der Anfrage lagen, wurden als Resultat aufgelistet. Beim Aufkommen des Web wurden die Ansätze verwendet, um geeignete Suchmaschinen zu bauen.

Beim Information Retrieval geht es darum, mit geeigneten mathematischen Verfahren (Matching, Clustering, Filter) Informationen aufzufinden. Beim weiterführenden Knowledge Discovery in Databases wird versucht, noch nicht bekannte Zusammenhänge aus den Daten zu gewinnen. Dazu dienen Algorithmen der Mustererkennung resp. des Text und Data Mining.

Im Folgenden werden zwei Abfragesprachen vorgestellt: SQL für die Auswertung relationaler Datenbanken sowie Cypher für das Durchforsten von Graphdatenbanken. Beide Sprachansätze filtern gewünschte Informationen aus den darunterliegenden Datensammlungen heraus. Weitergehende Sprachelemente für Mustererkennung sind teilweise vorhanden.

© Springer Fachmedien Wiesbaden GmbH 2018
A. Meier, *Werkzeuge der digitalen Wirtschaft: Big Data, NoSQL & Co.*,
essentials, https://doi.org/10.1007/978-3-658-20337-5_5

Structured Query Language

Die Structured Query Language oder abgekürzt SQL ist die Abfragesprache für relationale Datenbanken. Alle Informationen liegen in Form von Tabellen vor. Eine Tabelle ist eine Menge von Tupeln oder Datensätzen desselben Typs. Dieses Mengenkonstrukt ermöglicht eine mengenorientierte Abfragesprache. Das Resultat einer Selektion ist eine Menge von Tupeln, d. h. jedes Ergebnis eines Suchvorgangs wird vom Datenbanksystem als Tabelle zurückgegeben. Falls keine Datensätze der durchsuchten Tabelle die gewünschten Eigenschaften (Selektionsbedingungen) erfüllen, wird dem Anwender eine leere Resultatstabelle zurückgegeben.

Ted Codd hat in seinem Forschungspapier von 1970 (Codd 1970) neben dem Relationenmodell auch die Relationenalgebra vorgeschlagen. Sie bildet den formalen Rahmen für relationale Datenbanksprachen. Die Relationenalgebra umfasst einen Satz algebraischer Operatoren, die immer auf Tabellen wirken und als Resultat eine Tabelle zurückgeben. Neben mengenorientierten Operatoren (Vereinigung, Durchschnitt, Differenz, Kartesisches Produkt) umfasst die Relationenalgebra auch relationenorientierte Operatoren (Projektion, Selektion, Division, Verbund). Eine relational vollständige Abfragesprache umfasst fünf Operatoren (Vereinigung, Differenz, Kartesisches Produkt, Projektion, Selektion), da die übrigen Operatoren mit einer Kombination dieser fünf Operatoren ausgedrückt werden können.

Die Relationenalgebra ist ein mathematisches Konstrukt. Da dieses den gelegentlichen Nutzern einer Datenbank Schwierigkeiten bereitet, wurde SQL mit der folgenden Grundstruktur vorgeschlagen (Astrahan et al. 1976):

SELECT   Merkmale der Resultatstabelle
FROM   Tabelle oder Tabellen
WHERE   Selektionsbedingung

Der Ausdruck SELECT-FROM-WHERE wirkt auf eine oder auf mehrere Tabellen und erzeugt als Resultat immer eine Tabelle. Dabei muss die Selektionsbedingung in der WHERE-Klausel erfüllt sein. Ein Select-Statement ist nichts anderes als ein Kombinat der Filteroperatoren der Relationenalgebra. Intern wird eine SQL-Anfrage immer in einen Anfragebaum (Menge von binären und unären Operatoren der Relationenalgebra) übersetzt, optimiert und berechnet. Interessieren wir uns beispielsweise für das Erscheinungsjahr des Films ‚The Matrix', so formulieren wir ein einfaches SQL-Statement:

```
SELECT   Jahr
FROM     FILM
WHERE    Titel = ‚The Matrix‘;
```

Dieses SQL-Statement gibt als Resultat das Jahr 1999 zurück, als einelementige Menge. Die Filteroperation entspricht einer Kombination eines Selektionsoperators mit einem Projektionsoperator (siehe Abb. 5.1): In der Tabelle FILM wird das Tupel mit dem Titel ‚The Matrix‘ gesucht, bevor es auf die Spalte ‚Jahr‘ projiziert wird und das Resultat ‚1999‘ erzeugt.

Eine etwas anspruchsvollere Abfrage ist die folgende (Abb. 5.2): Wie lautet der Name des Schauspielers, der im Film ‚The Matrix‘ den ‚Neo‘ darstellte? Das entsprechende SQL-Statement lautet.

```
SELECT   Name
FROM     FILM, SPIELT, DARSTELLER
WHERE    FILM.F# = SPIELT.F# AND
         SPIELT.D# = DARSTELLER.D# AND
         Titel = ‚The Matrix‘ AND
         Rolle = ‚Neo‘;
```

Dieses SQL-Statement kombiniert verschiedene Operatoren der Relationenalgebra. Zuerst werden die beiden Tabellen FILM und SPIELT über die Filmnummer F# verbunden; desgleichen die beiden Tabellen SPIELT und DARSTELLER über die Darstellernummer D#. Danach wird das Tupel mit den Einträgen ‚The Matrix‘ und ‚Neo‘ selektiert, bevor auf den Namen des Schauspielers projiziert wird. Als Resultat erhalten wir Keanu Reeves.

Bei der algebraischen Optimierung geht es darum, das Resultat mit wenig Aufwand zu berechnen. Aus diesem Grunde würde ein relationales Datenbanksystem den Anfragebaum optimieren: Zuerst würden die Filteroperatoren Selektion (für das Filmtupel mit dem Film ‚The Matrix‘ resp. für das Beziehungstupel aus SPIELT mit der Rolle ‚Neo‘) resp. Projektionen (auf F# und Jahr

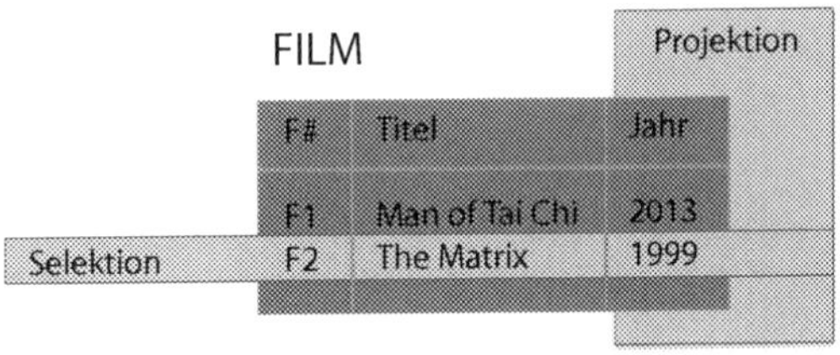

Abb. 5.1 Filteroperatoren der Relationenalgebra. (Quelle: Meier 2015)

FILM			Projektion
F#	Titel	Jahr	
F1	Man of Tai Chi	2013	
F2	The Matrix	1999	

Selektion

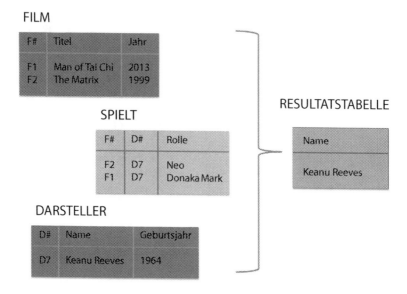

Abb. 5.2 Zur Kombination (Join) dreier Tabellen. (Quelle: Meier 2015)

in der Tabelle FILM) ausgeführt, bevor die teuren Berechnungsoperatoren Verbund (Join) berechnet würden.

Die Sprache SQL ist mengenorientiert und deskriptiv. Für die Suche im Tabellenraum muss der Anwender lediglich die Suchtabellen in der FROM-Klausel (Input) sowie die gewünschten Merkmalsnamen der Resultatstabelle in der SELECT-Klausel (Output) angeben, bevor das Datenbanksystem die gewünschte Information mit der Hilfe eines Selektionsprädikats in der WHERE-Klause (Processing) berechnet. Mit anderen Worten muss sich der Anwender nicht mit der Formulierung von geeigneten Filteroperatoren resp. mit Optimierungsfragen beschäftigen, dies alles wird ihm vom Datenbanksystem abgenommen.

Cypher

Cypher ist ebenfalls eine deklarative Abfragesprache, hier allerdings, um Muster in Graphdatenbanken extrahieren zu können. Der Anwender spezifiziert seine Suchfrage durch die Angabe von Knoten und Kanten. Daraufhin berechnet das

Datenbanksystem alle gewünschten Muster, indem es die möglichen Pfade (Verbindungen zwischen Knoten und Kanten) auswertet. Mit anderen Worten deklariert der Anwender die Eigenschaften des gesuchten Musters, und die Algorithmen des Datenbanksystems traversieren alle notwendigen Pfade und stellen das Resultat zusammen.

Gemäß Kap. 4 besteht das Datenmodell einer Graphdatenbank aus Knoten (Objekte) und gerichteten Kanten (Beziehungen zwischen Objekten). Sowohl Knoten wie Kanten können neben ihrem Namen eine Menge von Eigenschaften haben. Die Eigenschaften werden durch Attribut-Wert-Paare ausgedrückt.

In Abb. 5.3 ist ein Ausschnitt der Graphdatenbank über Filme und Schauspieler aufgezeigt. Der Einfachheit halber werden nur zwei Knotentypen aufgeführt: DARSTELLER und FILM. Der Knoten für die Schauspieler enthält zwei Attribut-Wert-Paare, nämlich (Name: Vorname Nachname) und (Geburtsjahr: Jahr).

Der Ausschnitt aus Abb. 5.3 zeigt zudem den Kantentyp SPIELT. Diese Beziehung drückt aus, welche Schauspieler in welchen Filmen mitwirkten. Auch Kanten können Eigenschaften besitzen, falls man Attribut-Wert-Paare anfügt. Bei der Beziehung SPIELT werden jeweils die Rollen gelistet, welche die Schauspieler hatten. So war beispielsweise Keanu Reeves im Film ‚The Matrix‘ als Hacker unter dem Namen ‚Neo‘ engagiert.

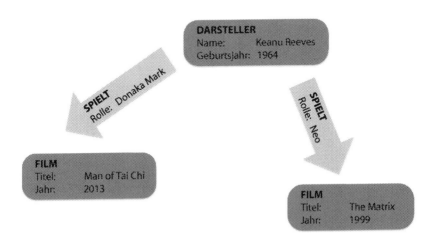

Abb. 5.3 Ausschnitt der Graphdatenbank über Keanu Reeves. (Quelle: Meier 2015)

Möchte man die Graphdatenbank über Filme auswerten, so kann Cypher (VanBruggen 2014) verwendet werden. Die Grundelemente des Abfrageteils von Cypher sind die folgenden:

MATCH	Identifikation von Knoten und Kanten sowie Deklaration von Suchmustern
WHERE	Bedingungen zur Filterung von Ergebnissen
RETURN	Bereitstellung des Resultats, bei Bedarf aggregiert

Möchte man das Erscheinungsjahr des Films ‚The Matrix' berechnen, so lautet die Anfrage in Cypher:

```
MATCH    (m: FILM {Titel:„The Matrix"})
RETURN   m.Jahr
```

In dieser Abfrage wird die Variable m für den Film ‚The Matrix' losgeschickt, um das Erscheinungsjahr dieses Filmes durch m.Jahr zurückzugeben. Die runden Klammern drücken bei Cypher immer Knoten aus, d. h. der Knoten (m: FILM) deklariert die Laufvariable m für den Knoten FILM. Neben Laufvariablen können konkrete Attribut-Wert-Paare in geschweiften Klammern mitgegeben werden. Da wir uns für den Film ‚The Matrix' interessieren, wird der Knoten (m: FILM) um die Angabe {Titel:„The Matrix"} ergänzt.

Interessant sind nun Abfragen, die Beziehungen der Graphdatenbank betreffen. Beziehungen zwischen zwei beliebigen Knoten (a) und (b) werden in Cypher durch das Pfeilsymbol „- >" ausgedrückt, d. h. der Pfad von (a) nach (b) wird durch „(a) - - > (b)" deklariert. Falls die Beziehung zwischen (a) und (b) von Bedeutung ist, wird die Pfeilmitte mit der Kante [r] ergänzt. Die eckigen Klammern drücken Kanten aus, und r soll hier als Variable für Beziehungen (relationships) dienen.

Möchten wir herausfinden, wer im Film ‚The Matrix' den Hacker ‚Neo' gespielt hat, so werten wir den entsprechenden Pfad SPIELT zwischen DARSTELLER und FILM wie folgt aus:

```
MATCH    (a: DARSTELLER) – [: SPIELT {Rolle:„Neo"}] – >
         (: FILM {Titel:„The Matrix"})
RETURN   a.Name
```

Cypher gibt uns als Resultat Keanu Reeves zurück.

In einer erweiterten Graphdatenbank für Filme (vgl. Graphenmodell in Abb. 4.3) könnte auch die Frage gestellt werden, ob es Filme gibt, bei welchen einer der Schauspieler gleichzeitig die Regie des Films übernahm. Auf unser Beispiel bezogen würden wir u. a. Keanu Reeves erhalten, der im Jahr 2013 den Film ‚Man of Tai Chi' realisierte und gleichzeitig die Rolle des ‚Donaka Mark' übernahm (vgl. Abb. 5.3). Der Ausschnitt der Graphdatenbank aus Abb. 5.3 müsste mit dem Knoten REGISSEUR und einer Kante zwischen REGISSEUR und FILM ergänzt werden: Konkret müsste eine Kante vom Regisseur ‚Keanu Reeves' auf den Film ‚Man of Tai Chi' verweisen, um die Doppelrolle von Keanu Reeves als Darsteller und Regisseur erkenntlich zu machen.

Graphorientierte Sprachen eignen sich zur Auswertung unterschiedlicher Netzwerke und Beziehungen. So erfreuen sie sich großer Beliebtheit bei der Analyse sozialer Medien, beim Auswerten von Transportnetzen oder beim Community Marketing.

Konsistenzsicherung mit ACID oder BASE

6

Unter dem Begriff Konsistenz oder Integrität einer Datenbank versteht man den Zustand widerspruchsfreier Daten. Integritätsbedingungen sollen garantieren, dass bei Einfüge- oder Änderungsoperationen die Konsistenz der Daten jederzeit gewährleistet bleibt.

Eine weitere Schwierigkeit ergibt sich aus der Tatsache, dass mehrere Benutzer gleichzeitig eine Datenbank zugreifen und gegebenenfalls verändern. Transaktionsverwaltungen erzwingen, dass konsistente Datenbankzustände immer in konsistente Datenbankzustände überführt werden. Ein Transaktionssystem arbeitet nach dem Alles-oder-Nichts-Prinzip. Es wird damit ausgeschlossen, dass Transaktionen nur teilweise Änderungen auf der Datenbank ausführen. Entweder werden alle gewünschten Änderungen ausgeführt oder keine Wirkung auf der Datenbank erzeugt. Mit der Hilfe von pessimistischen oder optimistischen Synchronisationsverfahren (siehe z. B. Meier und Kaufmann 2016) wird garantiert, dass die Datenbank jederzeit in einem konsistenten Zustand verbleibt.

Bei umfangreichen Webanwendungen hat man erkannt, dass die Konsistenzforderung nicht in jedem Fall anzustreben ist. Der Grund liegt darin, dass man aufgrund des sogenannten CAP-Theorems nicht alles gleichzeitig haben kann: Konsistenz (Consistency), Verfügbarkeit (Availability) und Ausfalltoleranz (Partition Tolerance). Setzt man beispielsweise auf Verfügbarkeit und Ausfalltoleranz, so muss man zwischenzeitlich inkonsistente Datenbankzustände in Kauf nehmen.

Im Folgenden wird zuerst das klassische Transaktionskonzept erläutert, das auf Atomarität (Atomicity), Konsistenz (Consistency), Isolation (Isolation) und Dauerhaftigkeit (Durability) setzt und als ACID bezeichnet wird. Danach wird die leichtere Variante BASE (Basically Available, Soft State, Eventually Consistent) erläutert. Hier wird erlaubt, dass replizierte Rechnerknoten zwischenzeitlich unterschiedliche Datenversionen halten und erst zeitlich verzögert aktualisiert werden. Danach werden die beiden Ansätze ACID und BASE verglichen.

© Springer Fachmedien Wiesbaden GmbH 2018
A. Meier, *Werkzeuge der digitalen Wirtschaft: Big Data, NoSQL & Co.*,
essentials, https://doi.org/10.1007/978-3-658-20337-5_6

Das Zweiphasen-Sperrprotokoll

In den meisten Fällen besitzen die Anwender einer Datenbank diese nicht für sich alleine, sondern teilen sie mit andern Anwendern (shared databases). Dabei sollte das Datenbanksystem dafür sorgen, dass die einzelnen Anwender sich nicht gegenseitig in die Haare kommen und Inkonsistenzen in den Datenbeständen entstehen.

Eine Transaktion ist eine Einheit von mehreren Datenbankoperationen, die einen konsistenten Datenbankzustand in einen konsistenten Datenbankzustand überführt. Konkret erfüllt eine Transaktion die unter dem Kürzel ACID (Härder und Reuter 1983) bekannten Forderungen:

- **Atomicity:** Eine Transaktion wird entweder vollständig durchgeführt oder erzeugt keine Wirkung auf der Datenbank.
- **Consistency:** Jede Transaktion überführt einen konsistenten Datenbankzustand in einen konsistenten Datenbankzustand.
- **Isolation:** Gleichzeitig ablaufende Transaktionen erzeugen dasselbe Resultat wie im Falle einer Einbenutzerumgebung, d. h. äquivalent zu einer seriellen Ausführung.
- **Durability:** Datenbankzustände sind dauerhaft und bleiben so lange gültig, bis sie von anderen Transaktionen konsistent nachgeführt werden.

Eine Transaktion ist eine Folge von Datenbankoperationen, die mit BEGIN_OF_ TRANSACTION eröffnet und mit END_OF_TRANSACTION abgeschlossen wird. Start und Ende einer Transaktion signalisieren dem Datenbanksystem, welche Datenbankoperationen eine Einheit bilden und durch ACID geschützt bleiben.

Das klassische Beispiel konkurrierender Transaktionen stammt aus dem Bankenbereich. Bei Buchungstransaktionen lautet die bekannte Konsistenzforderung, dass Belastungen und Gutschriften sich ausgleichen.

In Abb. 6.1 sind zwei konfliktträchtige Buchungstransaktionen aufgezeigt, die parallel ausgeführt werden. Die Transaktion TRX_1 erhöht das Konto a um hundert Euro und belastet das Gegenkonto b um denselben Betrag. Würde TRX_1 isoliert ablaufen, würde die Konsistenzregel der Buchhaltung erfüllt bleiben und den Saldo auf Null belassen. Dasselbe gilt für die Transaktion TRX_2, welche dem Konto b zweihundert Euro gutschreibt und das Konto c um diesen Betrag belastet; hier ebenfalls mit Saldo gleich Null. Beim gleichzeitigen Ausführen der beiden Buchungstransaktionen TRX_1 und TRX_2 allerdings entsteht ein Konflikt: TRX_1 liest den falschen Kontozustand von b (die Erhöhung um 200 EUR durch TRX_2 ist TRX_1 entgangen) und am Schluss bleiben die Saldi nicht auf

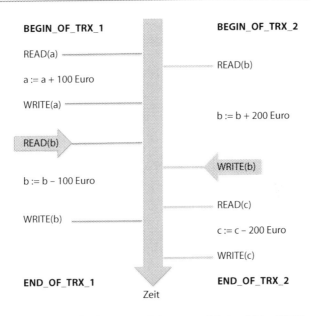

Abb. 6.1 Konfliktträchtige Buchungstransaktionen, angelehnt an Meier (2010)

Null (Konto a mit 100 EUR aufgestockt, Konto b um 100 EUR reduziert und Konto c um 200 EUR reduziert; Fazit: Saldi negativ mit 200 EUR).

Inkonsistente Zustände auf Konten hätten eine verheerende Wirkung für unsere Wirtschaft. Aus diesem Grunde wurde schon früh darauf geachtet, dass mittels eines Protokolls inkonsistente Zustände verhindert werden. Pessimistische Synchronisationsverfahren zielen darauf ab, dass keine Inkonsistenzen aufkommen, indem Sperren oder Zeitstempel auf Konti gesetzt werden:

▶ **Zweiphasen-Sperrprotokoll** Das Zweiphasen-Sperrprotokoll (two-phase locking protocol, Eswaran et al. 1976) untersagt einer Transaktion, nach dem ersten UNLOCK (Entsperren eines Datenbankobjekts) ein weiteres LOCK (Sperre) anzufordern.

Die Konti einer Buchungstransaktion müssen mit Sperren (LOCKs) geschützt und nach der Verarbeitung wieder freigegeben werden (UNLOCK). Das Zweiphasen-Sperrprotokoll sagt aus, dass in der Wachstumsphase sämtliche Sperren angefordert und in der Schrumpfungsphase sukzessive wieder freigegeben werden müssen. Es verbietet das Durchmischen von Errichten und Freigeben von Sperren.

In Abb. 6.2 unterliegt die Buchungstransaktion TRX_1 dem Zweiphasen-Sperrprotokoll. Zuerst werden die beiden Konti a und b mit Sperren versehen, bevor sie schrittweise wieder zurückgenommen werden. Wichtig dabei ist, dass die Sperren nicht alle zu Beginn angefordert resp. am Ende erst wieder freigegeben werden. Man möchte die Fläche der Wachstums- und Schrumpfungsphase möglichst gering halten, um den Parallelisierungsgrad konkurrierender Transaktionen zu erhöhen.

Die Buchungstransaktion TRX_2 wird mit der Hilfe des Zweiphasen-Sperrprotokolls ebenfalls mit LOCKs und UNLOCKs versehen. Beim parallelen Ausführen der beiden Transaktionen TRX_1 und TRX_2 wird ein Konflikt verhindert, da TRX_1 kurz warten muss, bis sie den Kontostand b lesen kann. Immerhin kriegt TRX_1 dank der Sperrverwaltung mit, dass TRX_2 das Konto b um 200 EUR erhöht hat. Am Schluss sind die Saldi der beiden Buchungstransaktionen auf Null und die Konsistenz bleibt gewahrt (Konto a mit 100 EUR Gutschrift, Konto b mit 100 EUR Gutschrift und Konto c mit 200 EUR Belastung).

Das kleine Buchungsbeispiel illustriert, wie wichtig im Alltag die Transaktionsverwaltung mit ACID ist. Wir sind darauf angewiesen, dass unsere Konti beim Abheben von Geld resp. beim Gutschreiben korrekt nachgeführt werden. Das Zweiphasen-Sperrprotokoll garantiert uns die Regel der doppelten Buchhaltung.

Neben pessimistischen Synchronisationsverfahren gibt es pessimistische Verfahren, die konkurrierende Transaktionen laufen lassen und nur bei Konfliktfällen

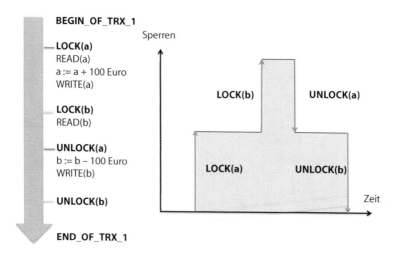

Abb. 6.2 TRX_1 unterliegt dem Zweiphasen-Sperrprotokoll, angelehnt an Meier (2010)

eingreifen (vgl. Meier und Kaufmann 2016). Da Konflikte konkurrierender Transaktionen in gewissen Geschäftsabläufen selten vorkommen, verzichtet man auf den Aufwand für das Setzen und Entfernen von Sperren. Damit erhöht man den Parallelisierungsgrad und verkürzt die Wartezeiten.

Das CAP-Theorem

Eric Brewer von der Universität Berkeley stellte an einem Symposium im Jahre 2000 die Vermutung auf, dass die drei Eigenschaften der Konsistenz (Consistency), der Verfügbarkeit (Availability) und der Ausfalltoleranz (Partition Tolerance) nicht gleichzeitig in einem massiv verteilten Rechnersystem gelten können (Brewer 2000):

- **Consistency (C):** Wenn eine Transaktion auf einer verteilten Datenbank mit replizierten Knoten Daten verändert, erhalten alle lesenden Transaktionen den aktuellen Zustand, egal über welchen der Knoten sie zugreifen.
- **Availability (A):** Unter Verfügbarkeit versteht man einen ununterbrochenen Betrieb der laufenden Anwendung und akzeptable Antwortzeiten.
- **Partition Tolerance (P):** Fällt ein Knoten in einem replizierten Rechnernetzwerk oder eine Verbindung zwischen einzelnen Knoten aus, so hat das keinen Einfluss auf das Gesamtsystem. Zudem lassen sich jederzeit Knoten ohne Unterbruch des Betriebs einfügen oder wegnehmen.

Später wurde die obige Vermutung von Wissenschaftlern des MIT bewiesen und als CAP-Theorem (Gilbert und Lynch 2002) etabliert:

▶ **CAP-Theorem** Das CAP-Theorem sagt aus, dass in einem massiv verteilten Datenhaltungssystem jeweils nur zwei Eigenschaften aus den drei der Konsistenz (**C**), Verfügbarkeit (**A**) und Ausfalltoleranz (**P**) garantiert werden können.

Mit anderen Worten lassen sich in einem massiv verteilten System entweder Konsistenz mit Verfügbarkeit (**CA**) oder Konsistenz mit Ausfalltoleranz (**CP**) oder Verfügbarkeit mit Ausfalltoleranz (**AP**) kombinieren, alle drei sind nicht gleichzeitig zu haben (siehe Abb. 6.3).

Beispiele für die Anwendung des CAP-Theorems sind die folgenden: An einem Börsenplatz wird auf Konsistenz und Verfügbarkeit gesetzt, d. h. **CA** wird hochgehalten. Dies erfolgt, indem man relationale Datenbanksysteme einsetzt, die dem ACID-Prinzip nachleben.

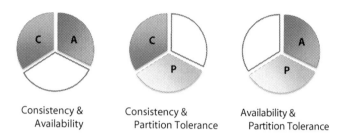

Consistency &	Consistency &	Availability &
Availability	Partition Tolerance	Partition Tolerance

Abb. 6.3 Die möglichen drei Optionen des CAP-Theorems, angelehnt an Meier und Kaufmann (2016)

Unterhält ein Bankinstitut über das Land verbreitet Geldautomaten, so muss nach wie vor Konsistenz gelten. Daneben ist erwünscht, dass das Netz der Geldautomaten ausfalltolerant ist, gewisse Verzögerungen in den Antwortzeiten werden hingegen akzeptiert. Ein Netz von Geldautomaten wird demnach so ausgelegt, dass Konsistenz und Ausfalltoleranz gelten. Hier kommen verteilte und replizierte relationale oder NoSQL-Systeme zum Einsatz, die **CP** unterstützen.

Der Internetdienst Domain Name System oder DNS muss jederzeit verfügbar und ausfalltolerant sein, da er die Namen von Websites zu numerischen IP-Adressen in der TCP/IP-Kommunikation auflösen muss (TCP = Transmission Control Protocol, IP = Internet Protocol). Dieser Dienst setzt auf **AP** und verlangt den Einsatz von NoSQL-Datenhaltungssystemen, da weltumspannende Verfügbarkeit und Ausfalltoleranz von einem relationalen Datenbanksystem nicht zu haben sind.

Vergleich von ACID und BASE

Zwischen den beiden Ansätzen ACID (Atomicity, Consistency, Isolation, Durability) und BASE (Basically Available, Soft State, Eventually Consistent) gibt es gewichtige Unterschiede, die in Tab. 6.1 zusammengefasst sind.

Relationale Datenbanksysteme erfüllen strikt das ACID-Prinzip. Dies bedeutet, dass sowohl im zentralen wie in einem verteilten Fall jederzeit Konsistenz gewährleistet ist. Bei einem verteilten relationalen Datenbanksystem wird ein Koordinationsprogramm benötigt (Zweiphasen-Freigabeprotokoll, siehe Meier 2010), das bei einer Änderung von Tabelleninhalten diese vollständig durchführt und einen konsistenten Zustand erzeugt. Im Fehlerfall garantiert das Koordinationsprogramm, dass keine Wirkung in der verteilten Datenbank erzielt wird und die Transaktion nochmals gestartet werden kann.

Tab. 6.1 Vergleich zwischen ACID und BASE, angelehnt an Meier und Kaufmann (2016)

ACID	BASE
• Konsistenz hat oberste Priorität (strong consistency)	• Konsistenz wird verzögert etabliert (weak consistency)
• Meistens pessimistische Synchronisations-verfahren mit Sperrprotokollen	• Meistens optimistische Synchronisations-verfahren mit Differenzierungsoptionen
• Verfügbarkeit bei überschaubaren Daten-mengen gewährleistet	• Hohe Verfügbarkeit resp. Ausfalltoleranz bei massiv verteilter Datenhaltung
• Einige Integritätsregeln sind im Daten-bankschema gewährleistet (z. B. referen-zielle Integrität)	• Kein explizites Schema

Die Gewährung der Konsistenz wird bei den NoSQL-Systemen auf unterschiedliche Art und Weise unterstützt. Im Normalfall wird bei einem massiv verteilten Datenhaltungssystem eine Änderung vorgenommen und den Replikaten mitgeteilt. Allerdings kann es vorkommen, dass einige Knoten bei Benutzeranfragen nicht den aktuellen Zustand zeigen können, da sie zeitlich verzögert die Nachführungen mitkriegen. Ein einzelner Knoten im Rechnernetz ist meistens verfügbar (Basically Available) und manchmal noch nicht konsistent nachgeführt (Eventually Consistent), d. h. er kann sich in einem weichen Zustand (Soft State) befinden.

Bei der Wahl der Synchronisationsverfahren verwenden die meisten relationalen Datenbanksysteme pessimistische Ansätze. Dazu müssen für die Operationen einer Transaktion Sperren nach dem Zweiphasen-Sperrprotokoll gesetzt und wieder freigegeben werden. Falls die Datenbankanwendungen wenige Änderungen im Vergleich zu den Abfragen durchführen, werden eventuell optimistische Verfahren angewendet. Im Konfliktfall müssen die entsprechenden Transaktionen nochmals gestartet werden.

Massiv verteilte Datenhaltungssysteme, die verfügbar und ausfalltolerant betrieben werden, können laut dem CAP-Theorem nur verzögert konsistente Zustände garantieren. Zudem wäre das Setzen und Freigeben von Sperren auf replizierten Knoten mit zu großem Aufwand verbunden. Aus diesem Grunde verwenden die meisten NoSQL-Systeme optimistische Synchronisationsverfahren.

Was die Verfügbarkeit betrifft, so können die relationalen Datenbanksysteme abhängig von der Größe des Datenbestandes und der Komplexität der Verteilung mithalten. Bei Big Data Anwendungen allerdings gelangen NoSQL-Systeme zum Einsatz, die hohe Verfügbarkeit neben Ausfalltoleranz oder Konsistenz garantieren.

Jedes relationale Datenbanksystem verlangt die explizite Spezifikation von Tabellen, Attributen, Wertebereichen, Schlüsseln und weiteren Konsistenzbedingungen und legt diese Definitionen im Systemkatalog ab. Zudem müssen die Regeln der referenziellen Integrität im Schema festgelegt werden. Abfragen und Änderungen mit SQL sind auf diese Angaben angewiesen und könnten sonst nicht durchgeführt werden. Bei den meisten NoSQL-Systemen liegt kein explizites Datenschema vor, da jederzeit mit Änderungen bei den semi-strukturierten oder unstrukturierten Daten zu rechnen ist.

Einige NoSQL-Systeme erlauben, die Konsistenzgewährung differenziert einzustellen. Dies führt zu fließenden Übergängen zwischen ACID und BASE.

In den 50er und 60er Jahren des letzten Jahrhunderts wurden Dateisysteme auf Sekundärspeichern (Band, Magnettrommel, Magnetplatte) gehalten, bevor ab den 70er Jahren Datenbanksysteme auf den Markt kamen. Das Merkmal solcher Dateisysteme war der wahlfreie (random access) oder direkte Zugriff (direct access) auf das externe Speichermedium. Mit der Hilfe einer Adresse konnte ein bestimmter Datensatz selektiert werden, ohne dass alle Datensätze konsultiert werden mussten. Zur Ermittlung der Zugriffsadresse diente ein Index oder eine Hash-Funktion.

Die Großrechner mit ihren Dateisystemen wurden vorwiegend für technisch-wissenschaftliche Anwendungen genutzt (Computer = Zahlenkalkulator). Mit dem Aufkommen von Datenbanksystemen eroberten die Rechner die Wirtschaft (Zahlen- & Wortkalkulator). Sie entwickelten sich zum Rückgrat administrativer und kommerzieller Anwendungen, da das Datenbanksystem den Mehrbenutzerbetrieb auf konsistente Art und Weise unterstützte (vgl. ACID, Kap. 6). Nach wie vor basieren viele Informationssysteme auf der relationalen Datenbanktechnik, welche die früher eingesetzten hierarchischen oder netzwerkartigen Datenbanksysteme weitgehend ablöste.

Zur Aufbewahrung und Verarbeitung von Daten verwenden relationale Datenbanksysteme ein einziges Konstrukt, die Tabelle. Eine Tabelle ist eine Menge von Datensätzen, die strukturierte Daten flexibel verarbeiten lässt.

Strukturierte Daten unterliegen einer fest vorgegebenen Datenstruktur, wobei folgende Eigenschaften im Vordergrund stehen:

- **Schema:** Die Struktur der Daten muss dem Datenbanksystem durch die Spezifikation eines Schemas mitgeteilt werden (vgl. CREATE TABLE Befehl von SQL). Neben der Spezifikation der Tabellen werden Integritätsbedingungen ebenfalls im Schema abgelegt (vgl. z. B. die Definition der referenziellen

© Springer Fachmedien Wiesbaden GmbH 2018
A. Meier, *Werkzeuge der digitalen Wirtschaft: Big Data, NoSQL & Co.*,
essentials, https://doi.org/10.1007/978-3-658-20337-5_7

Integrität und die Festlegung entsprechender Verarbeitungsregeln in Meier und
Kaufmann 2016).

- **Datentypen:** Das relationale Datenbankschema garantiert bei der Benut-
zung der Datenbank, dass die Datenausprägungen jederzeit den vereinbarten
Datentypen (z. B. CHARACTER, INTEGER, DATE, TIMESTAMP etc.) ent-
sprechen. Dazu konsultiert das Datenbanksystem bei jedem SQL-Aufruf die
Systemtabellen (Schemainformation). Insbesondere werden Autorisierungs-
und Datenschutzbestimmungen mit der Hilfe des Systemkatalogs geprüft (vgl.
das VIEW-Konzept resp. die Vergabe von Privilegien mit den GRANT- und
REVOKE-Befehlen von SQL).

Relationale Datenbanksysteme verarbeiten demnach vorwiegend strukturierte und
formatierte Daten. Aufgrund spezifischer Anforderungen aus Büroautomation,
Technik oder Webnutzung ist SQL um Datentypen und Funktionen für Buchsta-
benfolgen (CHARACTER VARYING), Bitfolgen (BIT VARYING, BINARY
LARGE OBJECT) oder Textstücke (CHARACTER LARGE OBJECT) erweitert
worden. Zudem wird die Einbindung von XML (eXtensible Markup Language)
unterstützt. Diese Erweiterungen führen zur Definition von semi-strukturierten
und unstrukturierten Daten.

Semi-strukturierte Daten sind wie folgt charakterisiert:

- Sie bestehen aus einer Menge von Datenobjekten, deren Struktur und Inhalt
laufenden Änderungen unterworfen sind.
- Die Datenobjekte sind entweder atomar oder aus weiteren Datenobjekten
zusammengesetzt (komplexe Objekte).
- Die atomaren Datenobjekte enthalten Datenwerte eines vorgegebenen Datentyps.

Datenhaltungssysteme für semi-strukturierte Daten verzichten auf ein fixes
Datenbankschema, da Struktur und Inhalt der Daten dauernd ändern. Ein Beispiel
dazu wäre ein Content Management System für den Unterhalt einer Website, das
Webseiten und Multimedia-Objekte flexibel speichern und verarbeiten kann. Ein
solches System verlangt nach erweiterter relationaler Datenbanktechnik, XML-
Datenbanken oder NoSQL-Datenhaltungssystemen.

Ein Datenstrom ist ein kontinuierlicher Fluss von digitalen Daten, wobei die
Datenrate (Datensätze pro Zeiteinheit) variieren kann. Die Daten eines Datenstroms sind zeitlich geordnet und werden oft mit einem Zeitstempel versehen.
Neben Audio- und Video-Datenströmen kann es sich um Messreihen handeln,
die mit Auswertungssprachen oder spezifischen Algorithmen (Sprachanalyse,

Textanalyse, Mustererkennung u. a.) analysiert werden. Im Gegensatz zu strukturierten oder semi-strukturierten Daten lassen sich Datenströme nur sequenziell auswerten.

In Abb. 7.1 ist ein einfaches Anwendungsbeispiel eines Datenstroms aufgezeigt. Auf einer elektronischen Plattform soll eine Englische Auktion für mehrere Gegenstände (multi-item auction) durchgeführt werden. Bei der Englischen Auktion beginnt der Prozess des Bietens immer mit einem Mindestpreis. Jeder Teilnehmer kann mehrfach bieten, falls er das aktuelle Angebot übertrifft. Da bei elektronischen Auktionen ein physischer Handelsort entfällt, werden im Vorfeld Zeitpunkt und Dauer der Auktion festgelegt. Der Gewinner einer Englischen Auktion ist derjenige Bieter, der das höchste Angebot im Laufe der Auktion unterbreitet.

Eine AUKTION kann als Beziehungsmenge zwischen den beiden Entitätsmengen OBJEKT und BIETER aufgefasst werden. Die beiden Fremdschlüssel O# und B# werden ergänzt um einen Zeitstempel und das eigentliche Angebot (z. B. in Euro) pro Bietvorgang. Der Datenstrom wird während der Auktion dazu genutzt, den einzelnen Bietern das aktuelle Angebot aufzuzeigen. Nach Abschluss der Auktion werden die Höchstangebote publiziert und die Gewinner für die einzelnen Gegenstände über ihren Erfolg orientiert. Zudem wird der Datenstrom nach Abschluss der Auktion für weitere Auswertungen verwendet, z. B. zur Analyse des Bieterverhaltens oder für die Offenlegung bei rechtlichen Anfechtungen.

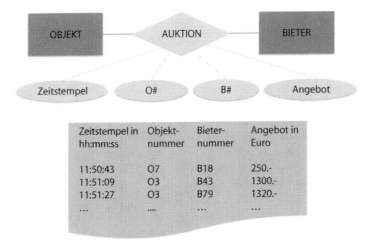

Abb. 7.1 Verarbeitung eines Datenstroms, angelehnt an Meier und Kaufmann (2016)

Unstrukturierte Daten sind digitalisierte Daten, die keiner Struktur unterliegen. Dazu zählen Multimedia-Daten wie Fließtext, Musikaufnahmen, Satellitenbilder, Audio- oder Videoaufnahmen. Oft werden unstrukturierte Daten über digitale Sensoren an einen Rechner übermittelt, z. B. in Form der oben erwähnten Datenströme.

Die Verarbeitung von unstrukturierten Daten oder von Datenströmen muss mit speziell angepassten Softwarepaketen vorgenommen werden. NoSQL-Datenbanken oder spezifische Data Stream Management Systems werden genutzt, um die Anforderungen an Big Data zu erfüllen.

Parallelisierung mit Map/Reduce

Für die Analyse von umfangreichen Datenvolumen strebt man eine Aufgabenteilung an, die Parallelität ausnutzt. Nur so kann ein Resultat in vernünftiger Zeit berechnet werden. Das Verfahren Map/Reduce kann sowohl für Rechnernetze wie für Großrechner verwendet werden, wird hier aber für den verteilten Fall diskutiert.

In einem verteilten Rechnernetz, oft bestückt mit billigen und horizontal skalierten Komponenten, lassen sich Berechnungsvorgänge leichter verteilen als Datenbestände. Aus diesem Grunde hat sich das Map/Reduce-Verfahren bei webbasierten Such- und Analysearbeiten durchgesetzt. Es nutzt Parallelität bei der Generierung von einfachen Datenextrakten und deren Sortierung aus, bevor die Resultate ausgegeben werden:

- **Map-Phase:** Hier werden Teilaufgaben an diverse Knoten des Rechnernetzes verteilt, um Parallelität auszunutzen. In den einzelnen Knoten werden aufgrund einer Anfrage einfache Key/Value-Paare extrahiert, die danach (z. B. mit Hashing) sortiert und als Zwischenergebnisse ausgegeben werden.
- **Reduce-Phase:** Für jeden Schlüssel resp. Schlüsselbereich fasst die Phase Reduce die obigen Zwischenergebnisse zusammen und gibt sie als Endresultat aus. Dieses besteht aus einer Liste von Schlüsseln mit den zugehörigen aggregierten Wertvorkommen.

In Abb. 7.2 ist ein einfaches Beispiel eines Map/Reduce-Verfahrens gegeben: Es sollen Dokumente oder Webseiten auf Begriffe wie Algorithmus, Datenbank, NoSQL, Schlüssel, SQL und Verteilung durchforstet werden. Gesucht werden die Häufigkeiten dieser Begriffe in verteilten Datenbeständen.

Die Map-Phase besteht hier aus den beiden parallelen Map-Funktionen M1 und M2. M1 generiert eine Liste von Key/Value-Paaren, wobei als Key die Suchbegriffe und als Value deren Häufigkeiten aufgefasst werden. M2 führt zur selben

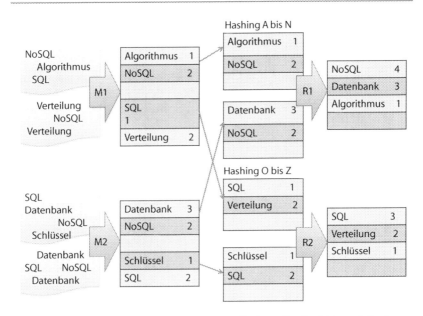

Abb. 7.2 Häufigkeiten von Suchbegriffen mit Map/Reduce. (Quelle: Meier und Kaufmann 2016)

Zeit wie M1 einen entsprechenden Suchvorgang auf einem andern Rechnerknoten mit weiteren Dokumenten resp. Webseiten durch. Danach werden die Teilresultate mit der Hilfe eines Hashing-Algorithmus alphabetisch sortiert. Im oberen
Teil der Zwischenergebnisse dienen die Anfangsbuchstaben A bis N der Schlüssel
(hier Suchbegriffe) als Sortierkriterium, im unteren Teil die Buchstaben O bis Z.

In der Reduce-Phase werden in Abb. 7.2 die Zwischenergebnisse zusammengefasst. Die Reduce-Funktion R1 addiert die Häufigkeiten für die Begriffe mit
Anfangsbuchstaben A bis N, R2 diejenigen von O bis Z. Als Antwort, nach Häufigkeiten der gesuchten Begriffe sortiert, erhält man eine Liste mit NoSQL (4),
Datenbank (3) und Algorithmus (1) sowie eine zweite mit SQL (3), Verteilung
(2), und Schlüssel (1). Im Endresultat werden die beiden Listen kombiniert und
nach Häufigkeiten geordnet.

Das Map/Reduce-Verfahren basiert auf bekannten funktionalen Programmier-
sprachen wie LISP (List Processing). Dort berechnet die Funktion map() für alle
Elemente einer Liste ein Zwischenergebnis als modifizierte Liste. Die Funktion
reduce() aggregiert einzelne Ergebnisse und reduziert diese zu einem Ausgabe-
wert.

Map/Reduce ist von den Entwicklern von Google für immense semi-strukturierte und unstrukturierte Datenmengen verfeinert und patentiert worden. Bei NoSQL-Datenbanken spielt dieses Verfahren eine wichtige Rolle; verschiedene Hersteller nutzen den Ansatz zur Abfrage ihrer Datenbankeinträge. Dank der Parallelisierung eignet sich das Map/Reduce-Verfahren nicht nur für die Datenanalyse sondern auch für Lastverteilungen, Datentransfer, verteilte Suchvorgänge, Kategorisierung oder Monitoring.

Nutzung von NoSQL-Technologien

8

Das Angebot für NoSQL-Technologien boomt (vgl. Celko 2014; Edlich et al. 2011; Redmond und Wilson 2012; Sadalage und Fowler 2013). Um eine grobe Übersicht über die Ansätze zu geben, sollen hier fünf grundlegende Architekturansätze und ihre Anwendungsoptionen diskutiert werden: InMemory-Datenbanken, Key/Value Stores, Column resp. Column Family Stores, Document Stores und Graphdatenbanken.

InMemory-Datenbanksysteme halten die Daten im Hauptspeicher des Rechners. Aufgrund des Preiszerfalls für Rechnerleistung wie Hauptarbeitsspeicher (RAM = Random Access Memory) sind solche Systeme erschwinglich und für große Datenbestände geeignet. Die Auslegung der Rechner wird auf Parallelisierung getrimmt und sogenannte Zwischenspeicher (Cache) werden optimiert, um die Daten nicht auslagern zu müssen.

Mit einem InMemory-Datenbanksystem lassen sich analytische Arbeiten des Unternehmens effizient durchführen (vgl. Abb. 8.1). Auswertungen für Sentimentalanalyse, Web Analytics, Predictive Business Analytics oder Kundenbeziehungsmanagement erfolgen ohne Zeitverzögerungen. Entsprechende Dienstleistungen können damit den Anspruchsgruppen auf der Website zur Verfügung gestellt werden.

InMemory-Datenbanksysteme sind bedeutend bei der Aufdeckung von nicht legitimierten wirtschaftsschädigenden Aktionen (Fraud Detection). Beispielsweise lassen sich Betrugsmuster bei der Kreditkartennutzung analysieren, um Schaden zu verhindern.

Key/Value Stores sind einfach-strukturierte NoSQL-Datenbanken, da sie sämtliche Daten in der Form von Schlüssel-Wertpaaren speichern. Größere Teile von Key/Value Stores lassen sich entsprechend auch in InMemory-Datenbanksystemen halten. Key/Value Stores sind prädestiniert, Parallelität in der Verarbeitung auszunutzen (Map/Reduce-Verfahren). Mengenoperationen und Aggregationen

© Springer Fachmedien Wiesbaden GmbH 2018
A. Meier, *Werkzeuge der digitalen Wirtschaft: Big Data, NoSQL & Co.,*
essentials, https://doi.org/10.1007/978-3-658-20337-5_8

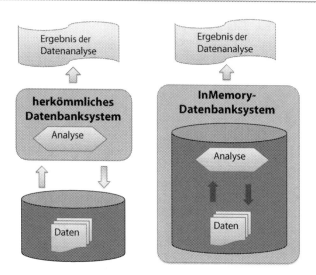

Abb. 8.1 Vergleich eines herkömmlichen mit einem InMemory-Datenbanksystem. (Quelle: Meier 2016)

benötigen wenig Rechenzeit. Für die Skalierung großer Bestände sind Verfahren wie Consistent Hashing entwickelt worden.

In Abb. 8.2 ist das Grundprinzip eines Key/Value Stores skizziert: Für Bestellungen im Online Shop können die Bestellungsdaten auf einfache Art und Weise abgelegt und verarbeitet werden. Einfache Suchfunktionen werden unterstützt; allerdings sind komplexe Auswertungen aufwendig zu realisieren.

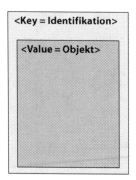

Abb. 8.2 Grundmuster und Beispiel eines Key/Value Stores. (Quelle: Meier 2016)

Column Stores speichern die Merkmale oder Attribute einer Tabelle spaltenweise und nicht zeilenweise (vgl. Abb. 8.3). Damit unterstützen solche Systeme kostengünstige Speicherung für große Datenbestände. Zudem kann die Skalierung der Daten rasch und effizient erfolgen. Spaltenweise Aggregationen können in kurzer Zeit durchgeführt werden, zudem sind SQL-ähnliche Abfragen möglich.

Die spaltenorientierte Speicherung kann mit zeilenorientierten Ansätzen kombiniert werden, indem man einzelne Spaltenteile in Zeilen organisiert. Man spricht dabei von Column Family Stores. Solche Ansätze sind beliebt bei elektronischen Einkaufssystemen oder anderen webbasierten Anwendungen, falls flexiblere Strukturierung verlangt wird.

Eine weitere Klasse von NoSQL-Datenbankansätzen bilden die sogenannten Document Stores. Speichereinheit bilden Dokumente, die untereinander keine Beziehung haben, sondern lediglich eine strukturierte Sammlung von unterschiedlichen Daten aufweisen. Ein Document Store ist demnach nichts anderes als eine Sammlung (Collection) von semi-strukturierten Dokumenten. Horizontale Skalierung (Sharding) und Replikation werden auf einfache Art und Weise unterstützt.

In Abb. 8.4 wird eine dokumentbasierte Datenbank gezeigt, welche Bücher, Reports und weitere Textdokumente verwaltet. Die einzelnen Dokumente in der Sammlung werden durch unterschiedliche Merkmale beschrieben, einige davon sind identisch, andere davon sind abweichend. Trotzdem lassen sich Anfragen auf

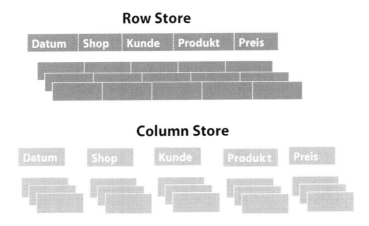

Abb. 8.3 Zeilenorientierte und spaltenorientierte Speicherung. (Quelle: Meier 2016)

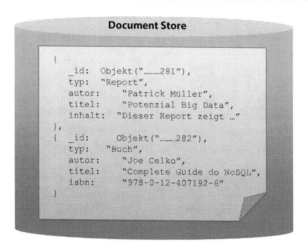

Abb. 8.4 Document Store mit Sammlung von Büchern, Reports etc. (Quelle: Meier 2016)

der Dokument-Datenbank über Kollektionen von Dokumenten einfach bewerk-
stelligen, indem z. B. alle Beiträge eines bestimmten Autors gesucht werden oder
alle Berichte, die NoSQL oder Big Data behandeln.

Das erste Dokument ‚Report 281‘ könnte in einer relationalen Datenbank
abgelegt werden. Dazu müsste eine Tabelle REPORT mit den entsprechenden
Attributen definiert werden. Allerdings könnte das Dokument ‚Buch 282‘ nicht
aufgenommen werden, da es teilweise abweichende Merkmale (wie z. B. ISBN)
verwendet.

Im Document Store können Dokumente als Einheit erfasst werden, in dem alle
relevanten Daten unter einem eindeutigen Schlüssel (_id) zusammengefasst werden. Viele webbasierte Anwendungen lassen sich als Kollektion von Dokumenten
realisieren. Ein Document Store verlangt kein Schema und ist offen für Änderungen. Dynamische Abfragen sind ein guter Ersatz für SQL, da oft umfangreiche
Filteroperatoren zur Verfügung stehen.

Als weitere Option für eine NoSQL-Datenbank kann eine Graphdatenbank
verwendet werden (vgl. Abb. 5.3). Eine Graphdatenbank wird durch eine Menge
von Knoten und eine Menge von Kanten charakterisiert. Knoten wie Kanten sind
meistens attributiert, d. h. sie können unterschiedliche Eigenschaften aufweisen.

Viele webbasierte Anwendungen setzen für die unterschiedlichen Dienste
adäquate Datenhaltungssysteme ein. Die Nutzung einer einzigen Datenbanktechnologie, z. B. der relationalen, genügt nicht mehr: Die vielfältigen Anforderungen

an Konsistenz, Verfügbarkeit, Auswertungsgeschwindigkeit oder Ausfalltoleranz verlangen oft nach einem Mix von Datenhaltungssystemen.

In Abb. 8.5 ist ein elektronischer Shop schematisch dargestellt. Um eine hohe Verfügbarkeit und Ausfalltoleranz zu garantieren, wird ein Key/Value-Speichersystem für die Session-Verwaltung sowie den Betrieb der Einkaufswagen eingesetzt.

Die Bestellungen selber werden im Dokumentenspeicher abgelegt, die Kunden- und Kontoverwaltung erfolgt mit einem relationalen Datenbanksystem. Bedeutend für den erfolgreichen Betrieb eines Webshops ist das Performance Management. Mit der Hilfe von Web Analytics werden wichtige Kenngrößen (Key Performance Indicators) der Inhalte wie der Webbesucher in einem Datawarehouse aufbewahrt. Mit spezifischen Werkzeugen (Data Mining, Predictive Business Analysis) werden die Geschäftsziele und der Erfolg der getroffenen Maßnahmen regelmäßig ausgewertet. Da die Analysearbeiten auf dem mehrdimensionalen Datenwürfel (Datacube) zeitaufwendig sind, wird dieser InMemory gehalten.

Die Verknüpfung des Webshops mit sozialen Medien drängt sich aus unterschiedlichen Gründen auf. Neben der Ankündigung von Produkten und Dienstleistungen kann analysiert werden, ob und wie die Angebote bei den Nutzern ankommen. Bei Schwierigkeiten oder Problemfällen wird mit gezielter Kommunikation und geeigneten Maßnahmen versucht, einen möglichen Schaden abzuwenden oder zu

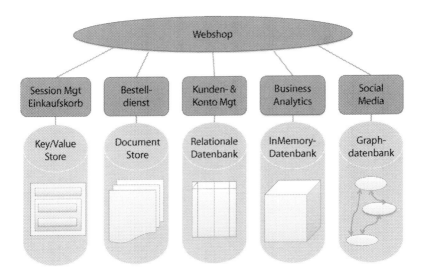

Abb. 8.5 Nutzung von SQL- und NoSQL-Datenbanken im Webshop. (Quelle: Meier 2016)

begrenzen. Darüber hinaus hilft die Analyse von Weblogs oder die Verfolgung aufschlussreicher Diskussionen in sozialen Netzen, Trends oder Innovationen für das eigene Geschäft zu erkennen. Falls die Beziehungen unterschiedlicher Anspruchsgruppen analysiert werden sollen, drängt sich der Einsatz von Graphdatenbanken geradezu auf.

Organisation des Datenmanagements 9

Viele Firmen und Institutionen betrachten ihre Datenbestände als unentbehrliche Ressource. Sie pflegen und unterhalten zu Geschäftszwecken nicht nur ihre eigenen Daten, sondern schließen sich mehr und mehr an öffentlich zugängliche Datensammlungen an. Die weltweite Zunahme und das stetige Wachstum der Informationsanbieter mit ihren Dienstleistungen rund um die Uhr untermauert den Stellenwert webbasierter Datenbestände.

Die Bedeutung aktueller und realitätsbezogener Information hat einen direkten Einfluss auf die Ausgestaltung des Informatikbereiches. So sind vielerorts Stellen des Datenmanagements entstanden, um die datenbezogenen Aufgaben und Pflichten bewusster angehen zu können. Ein zukunftsgerichtetes Datenmanagement befasst sich sowohl strategisch mit der Informationsbeschaffung und -bewirtschaftung als auch operativ mit der effizienten Bereitstellung und Auswertung von aktuellen und konsistenten Daten.

Aufbau und Betrieb eines Datenmanagements verursachen beträchtliche Kosten mit anfänglich nur schwer messbarem Nutzen. Es ist nämlich nicht einfach, eine flexible Datenarchitektur, widerspruchsfreie und für jedermann verständliche Datenbeschreibungen, saubere und konsistente Datenbestände, griffige Sicherheitskonzepte, aktuelle Auskunftsbereitschaft und anderes mehr eindeutig zu bewerten und aussagekräftig in Wirtschaftlichkeitsüberlegungen einzubeziehen. Erst ein allmähliches Bewusstwerden von Bedeutung und Langlebigkeit der Daten relativiert für das Unternehmen die notwendigen Investitionen.

Um den Begriff Datenmanagement besser fassen zu können, sollte das Datenmanagement zunächst in seine Aufgabenbereiche Datenarchitektur, Datenadministration, Datentechnik und Datennutzung aufgegliedert werden. Die Tab. 9.1 charakterisiert diese vier Teilgebiete des Datenmanagements mit ihren Zielen und Instrumenten.

© Springer Fachmedien Wiesbaden GmbH 2018
A. Meier, *Werkzeuge der digitalen Wirtschaft: Big Data, NoSQL & Co.*,
essentials, https://doi.org/10.1007/978-3-658-20337-5_9

Tab. 9.1 Die vier Eckpfeiler des Datenmanagements, angelehnt an Meier und Kaufmann (2016)

	Ziele	Werkzeuge
Datenarchitektur	• Formulieren und Pflegen der unternehmensweiten Datenarchitektur • Festlegen von Datenschutzkonzepten	• Datenanalyse und Entwurfsmethodik • Werkzeuge der rechnergestützten Informationsmodellierung
Datenadministration	• Verwalten von Daten und Methoden anhand von Standardisierungsrichtlinien und internationalen Normen • Beraten von Entwicklern und Endbenutzern	• Data Dictionary Systeme • Werkzeuge für den Verwendungsnachweis
Datentechnik	• Installieren, Reorganisieren und Sicherstellen von Datenbeständen • Festlegen des Verteilungskonzeptes inkl. Replikation • Katastrophenvorsorge	• Diverse Dienste der Datenbanksysteme • Werkzeuge der Leistungsoptimierung • Monitoring Systeme • Werkzeuge für Recovery/Restart
Datennutzung	• Datenanalyse und -interpretation • Wissensgenerierung • Erstellen von Prognosen	• Auswertungswerkzeuge • Reportgeneratoren • Werkzeuge des Data Mining • Visualisierungstechniken für mehrdimensionale Daten

Mitarbeitende der Datenarchitektur analysieren, klassifizieren und strukturieren mit ausgefeilter Methodik die Unternehmensdaten. Neben der eigentlichen Analyse der Daten- und Informationsbedürfnisse müssen die wichtigsten Datenklassen und ihre gegenseitigen Beziehungen untereinander in unterschiedlichster Detaillierung in Datenmodellen festgehalten werden. Diese aus der Abstraktion der realen Gegebenheiten entstandenen und aufeinander abgestimmten Datenmodelle bilden die Basis der Datenarchitektur.

Die Datenadministration bezweckt, die Datenbeschreibungen und die Datenformate sowie deren Verantwortlichkeiten einheitlich zu erfassen, um eine anwendungsübergreifende Nutzung der langlebigen Unternehmensdaten zu gewährleisten. Beim heutigen Trend zu einer dezentralen Datenhaltung auf intelligenten Arbeitsplatzrechnern oder auf verteilten Rechnern kommt der Datenadministration eine immer größere Verantwortung bei der Pflege der Daten und bei der Vergabe von Berechtigungen zu.

Die Spezialisten der Datentechnik installieren, überwachen und reorganisieren Datenbanken und stellen diese in einem mehrstufigen Verfahren sicher. Dieser Fachbereich, oft Datenbanktechnik oder Datenbankadministration genannt, ist zudem für das Technologiemanagement verantwortlich, da Erweiterungen in der Datenbanktechnologie immer wieder berücksichtigt und bestehende Methoden und Werkzeuge laufend verbessert werden müssen.

Der vierte Eckpfeiler des Datenmanagements, die Datennutzung, ermöglicht die eigentliche Bewirtschaftung der Unternehmensdaten. Mit einem besonderen Team von Datenspezialisten (Berufsbild Data Scientist, siehe unten) wird das Business Analytics vorangetrieben, das der Geschäftsleitung und dem Management periodisch Datenanalysen erarbeitet und rapportiert. Zudem unterstützen diese Spezialisten diverse Fachabteilungen wie Marketing, Verkauf, Kundendienst etc., um spezifische Erkenntnisse aus Big Data zu generieren.

Somit ergibt sich von der Charakterisierung der datenbezogenen Aufgaben und Pflichten her gesehen für das Datenmanagement folgende Definition:

▶ **Datenmanagement** Unter dem Datenmanagement fasst man alle betrieblichen, organisatorischen und technischen Funktionen der Datenarchitektur, der Datenadministration und der Datentechnik zusammen, die der unternehmensweiten Datenhaltung, Datenpflege, Datennutzung sowie dem Business Analytics dienen.

Für das Datenmanagement sind im Laufe der Jahre unterschiedliche Berufsbilder entstanden. Die wichtigsten lauten:

- **Datenarchitekt:** Datenarchitekten sind für die unternehmensweite Datenarchitektur verantwortlich. Aufgrund der Geschäftsmodelle entscheiden sie, wo und in welcher Form Datenbestände bereit gestellt werden müssen. Für die Fragen der Verteilung, Replikation oder Fragmentierung der Daten arbeiten sie mit den Datenbankspezialisten zusammen.
- **Datenbankspezialist:** Die Datenbankspezialisten beherrschen die Datenbank- und Systemtechnik und sind für die physische Auslegung der Datenarchitektur verantwortlich. Sie entscheiden, welche Datenbanksysteme (SQL- und/oder NoSQL-Technologien) für welche Komponenten der Anwendungsarchitektur eingesetzt werden. Zudem legen sie das Verteilungskonzept fest und sind zuständig für die Archivierung, Reorganisation und Restaurierung der Datenbestände.

- **Data Scientist:** Die Data Scientists sind die Spezialisten des Business Analytics. Sie beschäftigen sich mit der Datenanalyse und -interpretation, extrahieren noch nicht bekannte Fakten aus den Daten (Wissensgenerierung) und erstellen bei Bedarf Zukunftsprognosen über die Geschäftsentwicklung. Sie beherrschen die Methoden und Werkzeuge des Data Mining (Mustererkennung), der Statistik und der Visualisierung von mehrdimensionalen Zusammenhängen unter den Daten.

Die hier vorgeschlagene Begriffsbildung zum Datenmanagement sowie zu den Berufsbildern umfasst technische, organisatorische wie betriebliche Funktionen. Dies bedeutet allerdings nicht zwangsläufig, dass in der Aufbauorganisation eines Unternehmens oder Organisation die Funktionen der Datenarchitektur, der Datenadministration, der Datentechnik und der Datennutzung in einer einzigen Organisationseinheit zusammengezogen werden müssen.

Was Sie aus diesem *essential* mitnehmen können

- Nutzungspotenziale von SQL- und NoSQL-Technologien
- Chancen und Risiken bei Big-Data-Anwendungen
- Unterschiede zwischen starker und schwacher Konsistenz
- Einsatzoptionen für NoSQL-Datenbanksysteme
- Organisatorische Empfehlungen bei der Nutzung von Big Data

© Springer Fachmedien Wiesbaden GmbH 2018   53
A. Meier, *Werkzeuge der digitalen Wirtschaft: Big Data, NoSQL & Co.*,
essentials, https://doi.org/10.1007/978-3-658-20337-5

Weiterführende Literatur

Erste deutschsprachige Veröffentlichungen zum Themengebiet Big Data sind verfügbar. Das Buch von Edlich et al. (2011) gibt eine Einführung in NoSQL-Technologien, bevor unterschiedliche Datenbankprodukte vorgestellt werden. Das Werk von Freiknecht (2014) beschreibt das bekannte System Hadoop (Framework für skalierbare und verteilte Systeme) inkl. der Komponenten für die Datenhaltung (HBase) und für das Data Warehousing (Hive). Das Herausgeberwerk von Fasel und Meier (2015) gibt einen Überblick über die Big Data Entwicklung im betrieblichen Umfeld. Meier und Kaufmann (2016) erläutern in ihrem Lehrbuch über ‚SQL- und NoSQL-Datenbanken‘ sowohl die relationalen wie die nicht-relationalen Technologien grundlegend.

Aspekte zum Informationsmanagement werden von Heinrich und Lehner (2005) diskutiert. Organisatorische Herausforderungen fürs Datenmanagement beschreiben Dippold et al. (2005).

© Springer Fachmedien Wiesbaden GmbH 2018
A. Meier, *Werkzeuge der digitalen Wirtschaft: Big Data, NoSQL & Co.*,
essentials, https://doi.org/10.1007/978-3-658-20337-5

Literatur

Astrahan, M.M., Blasgen, M.W., Chamberlin, D.D., Eswaran, K.P., Gray, J.N., Griffiths, P.P., King, W.F., Lorie, R.A., McJones, P.R., Hehl, J.W., Putzolu, G.R., Traiger, I.L., Wade, B.W., Watson, V.: System R – relational approach to database management. ACM Trans. Database Syst. **1**(2), 97–137 (1976)

Brewer E.: Keynote – towards robust distribution systems. In: 19th ACM Symposium on Principles of Distributed Computing, Portland, 16–19 July (2000)

Celko, J.: Joe Celko's Complete Guide to NoSQL – What Every SQL Professional Needs to Know About Nonrelational Databases. Morgan Kaufmann, Waltham (2014)

Chen, P.P.-S.: The entity-relationship model – towards a unified view of data. ACM Trans. Database Syst. **1**(1), 9–36 (1976)

Codd, E.F.: A relational model of data for large shared data banks. Commun. ACM **13**(6), 377–387 (1970)

Dijkstra, E.W.: A note on two problems in connexion with graphs. Numerische Math. **1**, 269–271 (1959)

Dippold, R., Meier, A., Schnider, W., Schwinn, K.: Unternehmensweites Datenmanagement – Von der Datenbankadministration bis zum Informationsmanagement, 4. Aufl. Vieweg, Braunschweig (2005)

Edlich, S., Friedland, A., Hampe, J., Brauer, B., Brückner, M.: NoSQL – Einstieg in die Welt nichtrelationaler Web 2.0 Datenbanken, 2. Aufl. Hanser, München (2011)

Eswaran, K.P., Gray, J., Lorie, R.A., Traiger, I.L.: The notion of consistency and predicate locks in a data base system. Commun. ACM **19**(11), 624–633 (1976)

Fasel, D., Meier, A. (Hrsg.): Big Data – Grundlagen, Systeme und Nutzungspotenziale. Edition HMD, Springer, Heidelberg (2015)

Freiknecht, J.: Big Data in der Praxis – Lösungen mit Hadoop, HBase und Hive – Daten speichern, aufbereiten und visualisieren. Hanser, München (2014)

Gilbert, S., Lynch, N.: Brewer's Conjecture and the Feasibility of Consistent, Available, Partition-Tolerant Web Services. Massachusetts Institute of Technology, Cambridge (2002)

Härder, T., Reuter, A.: Principles of transaction-oriented database recovery. ACM Comput. Surv. **15**(4), 287–317 (1983)

© Springer Fachmedien Wiesbaden GmbH 2018
A. Meier, *Werkzeuge der digitalen Wirtschaft: Big Data, NoSQL & Co.,*
essentials, https://doi.org/10.1007/978-3-658-20337-5

Heinrich, L.J., Lehner, F.: Informationsmanagement – Planung, Überwachung und Steue-
rung der Informationsinfrastruktur. Oldenbourg Wissenschaftsverlag, München (2005)

Knoll, M. (Hrsg.): NoSQL-Anwendungen. HMD Prax. der Wirtschaftsinform., **53**(4),
(2016)

Meier, A.: Relationale und postrelationale Datenbanken, 7. Aufl. Springer, Heidelberg
(2010)

Meier, A.: Datenmanagement mit SQL und NoSQL. In: Fasel, D., Meier, A. (Hrsg.) Big
Data – Grundlagen, Systeme und Nutzungspotenziale. Edition HMD, S. 17–38. Springer, Heidelberg (2015)

Meier, A.: Zur Nutzung von SQL- und NoSQL-Technologien. In: Knoll, M. (Hrsg.):
NoSQL-Anwendungen. HMD Prax. der Wirtschaftsinform., **53**(4), 415–427 (2016)

Meier, A., Kaufmann, M.: SQL- & NoSQL-Datenbanken, 8. Aufl. Springer, Heidelberg
(2016)

Meier, A., Pedrycz, W., Portmann, E. (Hrsg.): Fuzzy management methods. International
Research Book Series. Springer, Heidelberg (2017)

Redmond, E., Wilson, J.R.: Seven Databases in Seven Weeks – A Guide to Modern Databases and the NoSQL Movement. The Pragmatic Bookshelf, Dallas (2012)

Robinson, I., Webber, J., Eifrem, E.: Graph Databases. O'Reilly and Associates, Cambridge
(2013)

Sadalage, P.J., Fowler, M.: NoSQL Distilled – A Brief Guide to the Emerging World of
Polyglot Persistence. Addison-Wesley, Boston (2013)

Tittmann, P.: Graphentheorie – Eine anwendungsorientierte Einführung. Fachbuchverlag
Leipzig, München (2011)

Van Bruggen, R.: Learning Neo4j. Packt Publishing Inc., Birmingham (2014)

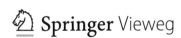

Lesen Sie hier weiter

Andreas Meier, Michael Kaufmann
SQL- & NoSQL-Datenbanken

8. Aufl. 2016, XX, 258 S.,
1 s/w-Abb., 111 Abb. in Farbe
Softcover € 34,99
ISBN 978-3-662-47663-5

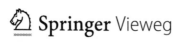

Printed in the United States
By Bookmasters